编委会

JIAQIN SIYANG GUANLI HE CHANGJIANBING
ZONGHE FANGKONG

家禽饲养管理和常见病综合防控

祁燕蓉　郭亚男　编著

黄河出版传媒集团
阳光出版社

图书在版编目 (CIP) 数据

家禽饲养管理和常见病综合防控 / 祁燕蓉, 郭亚男
编著. -- 银川 : 阳光出版社, 2024. 11. -- ISBN 978
-7-5525-7590-3

Ⅰ. S83；S858.3

中国国家版本馆 CIP 数据核字第 2025C3S359 号

家禽饲养管理和常见病综合防控　　　　　　　祁燕蓉　郭亚男　编著

责任编辑　薛　雪
封面设计　赵　倩
责任印制　岳建宁

黄河出版传媒集团
阳 光 出 版 社　出版发行

出 版 人　薛文斌
地　　址　宁夏银川市北京东路 139 号出版大厦 (750001)
网　　址　http://ssp.yrpubm.com
网上书店　http://shop129132959.taobao.com
电子信箱　yangguangchubanshe@163.com
邮购电话　0951-5047283
经　　销　全国新华书店
印刷装订　宁夏凤鸣彩印广告有限公司
印刷委托书号　（宁）0031481

开　　本　720 mm×980 mm　1/16
印　　张　16.75
字　　数　250 千字
版　　次　2024 年 11 月第 1 版
印　　次　2024 年 11 月第 1 次印刷
书　　号　ISBN 978-7-5525-7590-3
定　　价　68.00 元

前言

目前，养鸡业已经成为我国畜牧业的一个重要支柱，在丰富城乡肉蛋、增加农民收入、改善人民生活等方面发挥了巨大的作用。然而，多种因素影响着家禽的健康养殖，制约着养禽业的发展。基地的选择和建设是保证养殖生产的基础，对鸡群的生产性能、健康状况、生产效率、成本及周围的环境都有长远的影响。科学的饲养管理是提高养殖效率、优化产品质量的前提。针对常见禽病的防治，是提高生产水平和经济效益，实现可持续发展的必要条件，然而伴随着规模养殖的快速发展，畜禽饲养数量的不断增加，动物疫病也日益复杂，不仅给畜牧业的发展造成了较大威胁，而且也危及了社会公共卫生安全。全书共分为3篇，内容包括基地建设和环境控制、家禽饲养管理和家禽常见病防治。让家禽养殖者按书索骥，做好场址的建设、饲养管理的早期干预工作，克服鸡病防治的盲目性，降低养殖成本，使广大养殖户获取最大的经济效益。

本书在编写过程中力求文字简洁、易懂，科学性、先进性和实用性兼顾，力求做到内容系统、准确、深入浅出，具有很强的操作性和合理性，让广大养鸡者一看就懂，一学就会，用后见效。本书可供畜牧兽医行业技术人员、养殖场工作人员以及广大养殖户使用，也可作为农业院校相关专业师生参考（培训）用书。

尽管作者在语言文字上力求结构严谨、简洁流畅、深入浅出、通俗易懂，在学术方面力争达到最新，但由于水平有限，或许有不尽完善之处，恳请广大读者批评指正。

在本书的编写过程中，参阅了诸多文献资料，另外此书得到阳光出版社的大力支持才得以付梓，在此表示深深的感谢。在此向为本书的编写直接提供资料的何生虎、王明成表示最诚挚的谢意！

编　者

二〇二四年十月八日

目 录
CONTENTS

第一篇

基地建设和环境控制

第一章　养殖基地建设和环境控制

第一节　选址与布局要求

建造一个养殖场，首先要考虑选址问题，而选址又必须根据养殖场的饲养规模和饲养性质（饲养商品肉鸡、商品蛋鸡还是种鸡等）确定，场地选择是否得当，关系到卫生防疫、鸡只的生长以及饲养人员的工作效率，关系到养鸡的成败和效益。养殖场家禽饲养量一般较大，产生众多的粪便分泌物、尘埃及黏附物、养殖污水等，散发出难闻的气味。如对这些处理不当，均会造成自然环境污染，严重时会导致自然生态破坏。因此，养殖场对自然生态环境的影响与场址选择、布局规划、饲养管理有着紧密的关系。

一、选址

养殖场选址应符合以下要求。

（1）符合当地农业产业发展规划和农业产业政策。

（2）符合当地土地利用规划和土地利用政策。

（3）符合当地生态环境保护规划和生态环境保护要求。

（4）避开生活饮用水水源保护区、风景名胜区和自然保护区。

（5）避开城镇居民区、文化教育科学研究区等人口集中区域。

（6）避开法律法规、政策明确规定的禁养和限养区域。

（7）选择地势高、干旱少雨、远离湖泊湿地、便于排水、隔离条件好的区域。

（8）选择交通便利、网络畅通、水电供应可靠，水质符合饮用水标准的区域。

（9）养殖场应距离生活饮用水水源地、家禽屠宰加工场所、家禽及家禽产品集散场所、家禽饲养场、动物诊疗场所 3 000 m 以上。

（10）养殖场应距离家禽隔离场所、无害化处理场所 3 000 m 以上。

（11）养殖场应距离城镇居民区、文化教育科学研究区等人口集中区域及公路、铁路等主要交通干线 2 000 m 以上。

二、布局

养殖场布局规划应符合以下要求。

（1）生产区、管理区、生活区应分开。

（2）生产区设在上风向处，兽医室、隔离室、贮粪场、污水处理池和病死鸡无害化处理区设在生产区下风向处。

（3）生产区道路严格分为净道和污道，净道用于饲养员和管理人员进出鸡舍、运送饲料和蛋托、转运鸡蛋；污道用于清运粪便、污物、病死淘鸡。净道、污道须严格分开，禁止交叉。

（4）生产区道路路面材料可选择柏油、混凝土、砖、石或焦砟等，路面宽度 3~4 m，路面两侧留有绿化和排水明沟位置。

（5）鸡舍要根据主风方向与地势情况布局。鸡舍的排列要根据场地形状、鸡舍的数量和每栋鸡舍的长度，酌情布置为单列、双列或多列式。鸡舍群一般采取横向成排（东西）、纵向成列（南北）的行列式，即各鸡舍应平行整齐、呈梳状排列。

（6）根据当地气候特点，鸡舍方向以南向或稍偏西南或偏东南向为宜，冬季利于防寒保温，夏季利于防暑。

（7）各栋鸡舍之间距离应在 14 m 以上。

第二节　设施与设备

一、设施

养殖场设施应符合以下要求。

（1）生产区周围设有围墙或其他能够与外界进行物理隔离的屏障。

（2）生产区与管理区、生活区之间应建有围墙等有效的隔离设施。

（3）生产区出入口设置与门同宽、长 4 m、深 0.3 m 以上的车辆消毒池（水泥结构），池内消毒液液面深度应保持在 0.2~0.3 m；两侧设置门卫和人员消毒通道。

（4）人员消毒通道内设置脚踏消毒池、迂回通道、淋浴室、更衣室，并配置紫外线灯。脚踏消毒池内消毒液液面深度应大于 0.15 m，能没过鞋面。

（5）鸡舍采用密闭建筑，屋顶及墙壁采用保温隔热材料密封，须牢固、保温、防雨雪、防鼠害、防虫、防鸟。

（6）鸡舍地面、墙壁选用适宜材料，便于清洗和消毒。

（7）各栋鸡舍出入口设置消毒室，并配置消毒垫、洗手池和紫外线灯。

（8）祖代鸡场各栋鸡舍出入口设置消毒通道、洗浴间及更衣间，并配置消毒垫、洗手池和紫外线灯。

（9）设立配有诊疗、剖检、疫苗冷冻（冷藏）、消毒等防疫与治疗设备的兽医室。

（10）有符合环保要求的污水、污物、排泄物的无害化处理设施。

（11）有与生产规模相适应的病死鸡无害化处理设施。

二、设备

1. 鸡床

鸡舍采用高床平养模式，用竹架板铺设高于地面 1.8 m 的网床，育雏期在网床上铺设塑料网垫。

2. 通风设备

实行负压通风，采用排风扇和进风小窗，由自动控制终端控制排风扇，加侧墙的进风小窗进行通风换气。

3. 祖代鸡场

祖代鸡场实行正压通风，采用过滤系统进行空气过滤。

4. 降温设备

采用排风扇和湿帘，由自动控制终端控制排风扇，侧墙设置湿帘进行降温。

5. 供暖设备

冬季和育雏阶段采用燃煤（燃气）锅炉和暖风扇，由燃煤（燃气）锅炉加暖气管、加暖风扇（当年10月至次年4月育雏期使用）供热方式采暖。

6. 光照设备

采用人工光照系统，自动控制终端控制照明灯泡，调整光照强度。

7. 饮水设备

采用乳头式自动饮水系统。

8. 喂料设备

采用塞盘式自动喂料系统或螺旋式自动喂料系统。喂料机由传动装置、料箱、输送部件、料盘、转角器、支架等部件组成。

9. 集蛋设备

采用自动（或人工）鸡蛋收集系统收集种蛋。

10. 清粪设备

采用刮粪板自动清粪系统清粪。

11. 无害化处理设备

无害化处理设备与生产规模相适应。

12. 消毒设备

消毒设备与消毒要求相适应。

第三节　生产区要求

一、人员进出生产区

凡进出生产区的人员都必须经过消毒、洗澡（饲养员出生产区可不洗澡）等流程。

（一）人员进出生产区流程

1. 进入流程

允许进入生产区所有人员：消毒通道消毒、洗澡—更换衣服、鞋、帽—进入生产区净道—洗手消毒—更换衣服、鞋、帽—进入鸡舍（由净道进入生产区污道者在污道消毒通道更换衣服、鞋、帽后进入）。

2. 离开流程

鸡舍人员：更换衣服、鞋、帽—洗手消毒—进入生产区净道—生产区消毒通道消毒—更换衣服、鞋、帽—进入生活区。污道人员：污道消毒通道消毒、洗澡—更换衣服、鞋、帽—进入生产区净道—生产区消毒通道消毒—更换衣服、鞋、帽—进入生活区。

（二）人员进入生产区规定

凡经集中管理区进入生活区的人员在进入生产区时，进入前须在生活区隔离 24 h 以上。

（1）人员在消毒通道内消毒、洗澡（时间不少于 10 min）后更换生产区工作服（绿色套装，下同）和雨鞋，将生活区工作服（蓝灰色套装，下同）挂在消毒通道指定位置，脚踩消毒池（消毒池内消毒水必须没过脚面）后进入生产区。

（2）进入生产区后只能在鸡舍前端活动。

（3）人员进入鸡舍前要准备好鸡舍工作服（蓝色套装，下同）、口罩和鞋帽；并将手机等随身物品放在操作间桌上，未经允许严禁将其带入鸡舍。

（4）人员进入鸡舍时要在鸡舍操作间前双脚踩踏消毒盘，双手浸入消毒盆消毒后更换蓝色工作服、口罩和鞋帽，将绿色工作服挂在操作间指定位置后进入鸡舍。

（5）祖代鸡场人员进入鸡舍时先经鸡舍消毒通道消毒，脱下绿色工作服、口罩及鞋帽，并放入专用衣柜中，后进入洗澡间洗澡（时间不少于 20 min），在更衣间更换蓝色工作服、口罩和鞋帽后进入鸡舍。

（6）饲养人员若进入污道，需在生产区污道消毒通道中部脱下绿色工作服（包括内衣、袜子），挂在指定位置，换上拖鞋后进入消毒通道后部，穿上污道工作服（灰色套装，下同，包含内衣、袜子和鞋）后进入污道工作。

（7）祖代鸡场饲养人员禁止进入污道。

（8）在污道工作结束后，先在消毒通道内的消毒盆内洗手、消毒，脱下灰色工作服（含内衣）和鞋、袜，换上拖鞋；后将脱下的灰色工作服（含内衣）和鞋、袜，放入浸泡消毒桶内浸泡消毒 15 min；之后，工作服用洗衣机清洗后挂在指定位置晾干，鞋洗刷干净后放在指定位置晾干，后进入洗澡间洗澡 10~20 min。

（9）洗完澡后在消毒通道前部更换绿色工作服和鞋，将拖鞋放在指定位置，进入生产区净道。

（10）污道工具使用后要在鸡舍后端清洗消毒并存放到指定位置，禁止带入鸡舍前部或净道。污道工具的维修要在污道进行。

（11）饲养人员的所有工作服及鞋，在每次使用后必须清洗、消毒，便于下次使用。

（12）饲养人员除进入自己管理的鸡舍和进入其他鸡舍协助免疫注射外，严禁进入其他鸡舍。

（13）祖代鸡场饲养人员除进入自己管理的鸡舍外，严禁进入其他鸡舍。

（14）除饲养人员、维修人员、兽医、技术人员、场长（包括副场长）、事业部总经理（包括副总经理）和公司高管外，其他人员禁止进入生产区。

（15）谢绝外来人员参观生产区。

（16）出现重大自然灾害或火灾情况时，人员可不经过消毒、洗澡、换衣、隔离等程序，在穿着防护服，戴口罩，穿胶靴，双脚踩踏消毒盘，双手浸入消毒盆内消毒后可直接进入生产区。

（17）出现设备故障或损毁，致使正常养殖工作无法进行，且可能在短时间内造成重大经济损失的紧急情况时，维修人员可不经过消毒、洗澡、换衣、隔离等程序，直接在穿防护服、戴口罩、穿胶靴、双脚踩踏消毒盘、双手浸入消毒盆消毒后进入生产区进行维修工作。所带工具能清洗消毒的由工作人员将工具浸入消毒液内消毒，不能清洗消毒的由工作人员用浸有消毒液的抹布擦拭消毒后直接带入。

（18）国际组织、国家和省级有关部门对养殖基地或公司进行检查、评估、考核时，其程序要求必须进入生产区进行现场检查的，经公司分管副总同意，检查专家经洗澡（时间不少于 20 min），更换全部内外衣服，穿防护服，戴口罩，穿胶靴，双脚踩踏消毒盘，双手浸入消毒盆消毒后进入生产区。专家检查现场时，工作所需物品（如笔、纸张、笔记本、相机、采样用品等）均需经消毒处理后带入，其他所有非工作用品禁止带入生产区。

（三）人员离开生产区规定

人员离开生产区应遵守以下规定。

（1）人员离开鸡舍时要在操作间更换绿色工作服，拿好随身物品，洗手消毒，脚踩消毒盘后出鸡舍。

（2）祖代鸡场人员离开鸡舍时先经鸡舍消毒通道消毒，脱下蓝色工作服及口罩、鞋帽，并放入专用衣柜中，后进入洗澡间洗澡（时间不少于 10 min），在更衣间更换绿色工作服、口罩和鞋帽后离开鸡舍。

（3）饲养人员通过生产区消毒通道消毒后更换蓝灰色工作服，将绿色工作服挂在指定位置后方可进入生活区。

（4）祖代鸡场饲养人员通过生产区消毒通道消毒、洗澡（时间不少于 10 min）后更换蓝灰色工作服，将绿色工作服挂在指定位置后方可进入生活区。

（5）其他人员通过生产区消毒通道消毒、洗澡（时间不少于 10 min）后更换自己衣服，带上自己的随身物品离开生产区。

二、物品进出生产区

（一）物品进入生产区规定

（1）带入生产区的工具等须经过浸泡消毒或擦拭消毒。

（2）所有需进入鸡舍的工具（如网、筐、台秤、维修工具等），必须经过浸泡消毒或擦拭消毒后方能进入鸡舍。不能浸泡消毒或擦拭消毒的可放于熏蒸柜进行熏蒸消毒处理。

（3）对于活疫苗等不能在常温下长时间存放的物品，用蘸有消毒剂的抹布擦拭包装箱表面进行消毒。

（二）物品撤出生产区规定

（1）所有带出鸡舍的工具和物品必须经过冲洗、浸泡消毒或擦拭消毒后才可带出鸡舍并归类存放。

（2）所有带出生产区的工具和物品必须经过浸泡消毒或擦拭消毒后才可带出生产区并在指定地方归类存放。

三、车辆进出生产区

（一）车辆进入生产区规定

（1）内部周转车辆（蛋车、料车）进入生产区前先将车辆停在消毒通道前，用高压枪清洗消毒后方可进入。

（2）司机驾车进入生产区相应区域时禁止在中途下车。

（3）不同用途车辆须在指定的路线和规定的活动范围内行驶。

（4）司机在驾车进入生产区前，须在基地更换工作服。

（二）车辆驶离生产区规定

车辆在使用完后经过消毒可直接驶离生产区。

四、种鸡进入生产区

种鸡进入生产区须遵守以下规定。

（1）运输雏鸡的车辆在生产区大门口消毒通道消毒后，直接开到鸡舍门口。司机禁止下车，禁止摇下玻璃与生产区人员交谈。卸完鸡后，车辆要立即驶离生产区。在公司指定区域进行车辆清洗，返回公司待用。

（2）雏鸡入舍后，根据育雏计划安排育雏工作，运送雏鸡的包装纸盒要立即运出鸡舍，并及时进行无害化处理。

五、饲料进入生产区

饲料进入生产区须遵守以下规定。

（1）饲料进入生产区前，须由专用密封饲料运输车运送至生产区围墙外卸料平台处，运输途中禁止开启饲料罐封签。

（2）卸料前，要检查运料车的料罐封签是否完整无损，核对料号是否正确。

（3）卸料时，须将饲料全部倒入卸料平台的密封料罐中，禁止余料，洒落的饲料要及时清扫干净。

（4）进入生产区的饲料须由塞盘式料线密封输送到各鸡舍料塔内（或鸡舍料斗内），并根据情况及时清空料塔（料斗）内饲料。

（5）要随时检查料塔、料线的完整性，发现有漏料现象要立即处理。

（6）更换料时要有 5~7 d 过渡期。

（7）要注意防鸟、灭鼠。

（8）每 2 个月检测饲料中微生物 1 次。

六、饮水进入生产区

饮水进入生产区须遵守以下规定。

（1）饮水进入生产区须经密封管道输送，水源水质须达到国家饮用水标准。

（2）各个输送节点（水池、水桶）须干净；每天早上开灯前水线要排放隔夜水，开灯后首先要检查水线供水是否正常；每天早晚要反冲水线。

（3）每天检查水线乳头是否有水，水线及乳头是否漏水，及时更换漏水乳头，确保正常供水。乳头每周至少消毒 1 次。

（4）及时对过滤器进行清洗消毒，防止水线堵塞。

（5）每 10 d 检查 1 次水线，查看水线干净程度。

（6）每 10 d 将水线提高到 1 m（鸡饮用不到），用二氯异氰脲酸液浸泡 1 晚，溶液浓度为 1 : 200，在第 2 d 鸡喝水前必须冲洗干净。

（7）蓄水池应定期进行清洗消毒，消毒周期与蓄水池蓄水周期保持一致。可选用溶于水的含氯制剂冲洗消毒。

（8）饮用水中不得检出大肠杆菌，细菌总数小于 1 000 CFU/ mL。

七、药品、疫苗进入生产区

药品、疫苗进入生产区须遵守以下规定。

（1）药品、疫苗由集中管理区送至生产区，要检查药品、疫苗的日期、批号和包装，要注意检查包装物内温度是否符合要求。在收到疫苗后第一时间与分场相关负责人联系并亲自将疫苗交到其手中。

（2）对符合规定的药品、疫苗进行相应消毒后及时按要求保存，不符合规定的不签收并联系相关人员退回。

（3）接收药品或疫苗要有接收记录，各鸡舍领用要有领用记录。

八、种蛋收集

（一）鸡舍内种蛋收集

（1）塑料蛋托进鸡舍时要用消毒液浸泡消毒 1 次，晾干后备用；纸质蛋托须经熏蒸消毒后方可进入鸡舍。

（2）饲养员捡蛋前要进行洗手消毒。

（3）饲养员要勤转架、勤观察蛋箱，尽快将架面蛋、蛋箱蛋收集后放入蛋托，并与蛋槽内收集的种蛋分开存放。

（4）哨兵鸡蛋（哨兵鸡须有明确的标识牌）要单独收集保存，严禁混入大群种蛋；实验鸡蛋按主管技术人员的要求收集与保存。

（5）每天下午在鸡舍喷雾消毒前应当把蛋槽内种蛋收集干净，以免种蛋被喷在其表面的水滴污染。

（6）对粘有鸡粪（较少）的种蛋，可使用刀片刮净，禁止使用湿布擦拭。

（7）饲养员按选蛋要求选出合格种蛋，被粪便污染的种蛋、畸形蛋、裂纹蛋、双黄蛋、破蛋等为不合格种蛋，不得作为种蛋使用，要与合格种蛋分开存放。

（二）种蛋入库

（1）饲养员每天早上、中午、下午 3 次将种蛋专用蛋盘整齐码放在平板车上，将平板车转至专用轨道车上，由鸡舍转运至本场蛋库，转运途中种蛋表面要用棉被或毛毯覆盖。固定鸡蛋，禁止互串鸡舍和进入鸡舍，蛋库管理员对棉被或毛毯要每周进行 1 次熏蒸消毒。

（2）种蛋入库前要进行熏蒸消毒。可用两种方法进行熏蒸：第一种为甲醛和高锰酸钾按照 2∶1 进行反应，甲醛用量为 28 mL/m³，高锰酸钾用量为 14 g/m³；第二种为加热挥发甲醛的方法，甲醛用量为 21 mL/m³。两种方法熏蒸时间均为 15 min。

（3）种蛋经熏蒸消毒后直接入库进行冷却后保存。冬季储存温度为 12~16 ℃，夏季储存温度为 17~20 ℃。

（三）种蛋库管理

（1）种蛋库要严格控制温度和湿度。冬季温度为 12~16 ℃，湿度为 60%~70%；夏季温度为 17~20 ℃，湿度为 75%~80%。

（2）蛋库负责人要做好每日蛋库温度、湿度的记录，定期向湿度计湿盒中补加蒸馏水，分管场长需定期对种蛋保存间进行 24 h 实时温度监控，做好空调相关的保养及检查工作。每周对蛋库地面清洗 1 次，防止霉菌滋生；空调上要设置风向导流板，防止冷风直接吹到蛋上。

九、种蛋转运

种蛋转运应注意以下事项。

（1）选好的种蛋在各场蛋库暂时存放，由种蛋周转车转至集中管理区蛋库统一存放。种蛋必须经过充分冷却后才能装车运输。运输当天可提前1~2 h对蛋库进行通风和适温，防止种蛋出汗。种蛋出库必须坚持"先进先出"的原则。

（2）种蛋转运车进入蛋库前应进行喷雾消毒，保温用的棉被、三合板等应每周进行1次熏蒸消毒处理。

十、病、死鸡处理

1. 病、死鸡清查

饲养员每天要清查鸡舍病、死鸡情况。

2. 病、死、淘鸡登记

饲养员每天要登记本鸡舍病、死、淘鸡数。

3. 病、死鸡出鸡舍

饲养员每天要将当天的病死鸡装入专用垃圾袋，并扎紧袋口放入专用病死鸡箱内。

4. 病、死鸡收集

各栋鸡舍病、死、淘鸡由专人每天负责收集并登记，剪掉下喙装入甲醛桶内留样。

5. 病、死鸡解剖

技术主管根据饲养员每天汇报的鸡舍病、死、淘鸡情况，在兽医室对异常病、死鸡进行解剖，做好解剖记录，并及时与相关兽医人员沟通。

6. 病、死鸡无害化处理

每天由专人负责收集全场病、死、淘鸡并按规定进行无害化处理。

7. 发病率、死淘率异常时的报告

饲养员每天要关注本鸡舍病、死、淘鸡情况，1 d病、死、淘鸡5只以上，饲养员要向技术员报告。技术员要到现场查看情况，了解并分析鸡病、死、淘原因并将情况上报分场。

十一、粪便清理

鸡粪便清理应注意以下事项。

（1）鸡粪便由本栋鸡舍饲养员负责清理，饲养员换灰色工作服后，由后门进入鸡舍架下，用刮粪机将鸡粪便清除到鸡舍后部指定地点。

（2）祖代鸡场鸡粪便由专用刮粪机清除到鸡舍后部出粪口外。饲养员禁止进入鸡舍架下参与清粪。

（3）出鸡舍的鸡粪便由专人用运粪车运至鸡粪集中堆积点。

（4）出粪时间安排要统一，避免鸡粪长时间堆积在鸡舍后部无人清理。

十二、废弃物、垃圾清除

1. 废弃物清除

免疫用疫苗瓶、药瓶等废弃物装袋后，由专人收集并进行集中处理。

2. 垃圾清除

对可回收利用的金属经消毒处理后利用，不可回收利用的垃圾由专人收集后进行无害化处理。

十三、消毒

（一）鸡舍消毒

1. 消毒前准备

带鸡消毒要在清粪、打扫卫生之后进行，减少环境中的污物可发挥更好的消毒作用。

2. 消毒液配制

消毒药品的用量按使用说明的推荐浓度与用水量计算，用水量根据鸡舍的空间大小估算，不同季节，消毒用水量应灵活掌握，在天气温暖时用量应偏大，按标准的上限计算；天气寒冷、保暖差时用量偏少（表1-1）。

表 1-1 常用消毒药品及配制浓度表

药品名称	二氯	卫可	安灭杀	百胜
配比比例	1∶500	1∶1 000	1∶800	1∶500
消毒区域（水量）	用量/g	用量/g	用量/mL	用量/mL
脚踏消毒盘（1.5 kg）	3.0	1.5	2.0	3.0
洗手盆（2.5 kg）	5.0	2.5	3.0	5.0
消毒桶（150 kg）	300	150	190	300
消毒桶（250 kg）	500	250	310	500

3. 消毒时间

消毒最好选在每天 15:00—16:00 进行，此时气温较高，比较适合消毒。根据舍温，消毒时间可长可短，舍温高时，放慢消毒速度、延长消毒时间可起到防暑降温作用；舍温低时，加快消毒速度、缩短消毒时间可减小对鸡只的冷应激。产蛋期消毒一般在每天 15:00—17:00 交完蛋后进行。

4. 消毒方法

按照从上至下，即先房梁、隔网再蛋箱最后地面的顺序；从前往后（鸡舍使用纵向通风），即从进风口向排风口顺着空气流动的方向消毒。使用鸡舍消毒机，消毒剂（如卫可、安灭杀）交替使用，消毒时在水泥过道处打开消毒机，在隔网以上处快速平扫，保证羽毛轻微打湿即可，同时针对梁架，隔网处的粉尘做彻底消毒，达到清理、消毒双重目的。通风口与通风死角是阻断病原传播途径的关键部位，消毒必须严格、彻底。

进入场区消毒通道的消毒池，进入鸡舍的踩踏盆和消毒盆的消毒液要每日一换。

5. 消毒频率

育雏期鸡舍每 2 d 消毒 1 次；产蛋鸡舍根据舍内环境污染程度，每天消毒 1 次或隔天消毒 1 次（恶劣天气时）。产蛋期每周增加 1 次蛋箱内百胜喷洒消毒，使用肩背式喷雾器进行喷洒。免疫前 1 d 及免疫后第 1 d 禁止消毒。

6. 消毒效果监测

根据情况，每个场每 2 个月抽检 2 栋鸡舍。每栋鸡舍采样点包括：地面、墙面、架面、水线、料线、蛋箱、架下地面、架下墙面、料斗、鸡舍拖布等和前中后架面上、过道前中后、风机前端、水帘过道、操作间的空气。

（二）鸡舍外环境消毒

（1）生产区砂石路面每半月用烧碱石灰水混合溶液（烧碱浓度 2%，生石灰浓度 5%）喷洒消毒 1~2 次；水泥路面每半月用氯制剂（1∶500）喷洒消毒 1~2 次；鸡舍排污道两周用烧碱石灰水混合溶液泼洒消毒 1~2 次。

（2）生产区所有区域每周用氯制剂喷洒消毒 1 次。

（三）消毒登记

（1）每次鸡舍消毒后须在鸡舍消毒登记表上登记，内容包括消毒时间、消毒药名称、生产厂家、批号、比例、用量、消毒人等。

（2）每次鸡舍外消毒后须在鸡舍外消毒登记表上登记，内容包括消毒时间、消毒药名称、生产厂家、批号、比例、用量、消毒人等。登记表应当保存 2 年以上。

（四）消毒注意事项

（1）稀释消毒药品时一般使用自来水，药品混合均匀，稀释好的药液不宜久贮，应现用现配。

（2）消毒药品要定期轮换使用；几种消毒药不能同时混合使用。

（3）酚类、酸类消毒药不宜与碱性环境、脂类和皂类物质接触；酚类消毒药不宜与碘、高锰酸钾、过氧化物等配伍使用。

（4）阳离子和阴离子表面活性剂类消毒剂不可同时使用；表面活性剂不宜与碘、高锰酸钾、过氧化物等配伍使用。

十四、　防鼠防鸟防昆虫

（一）防鼠

（1）各栋鸡舍之间应为沙石地面，清除杂草。

（2）鸡舍所有门口和通向鸡舍外的清粪口须设有防鼠板。

（3）应及时对鼠类有可能进入鸡舍的缝隙进行密封或安装防护网，以防止鼠类进入鸡舍。

（4）设置各种灭鼠陷阱和捕鼠夹等。

（5）安装的防鼠设施要及时进行检查和维护，以确保设施有效。

（6）所有人员在进出人流和物流通道时，应确保防鼠设施始终处于防护状态，禁止移动防鼠设施。

（7）根据鼠害情况投放灭鼠药，并依据药物有效期限，及时更换灭鼠药，确保灭鼠效果。

（8）鸡舍内禁止堆放各种杂物。

（二）防鸟

（1）在鸡舍通风口设置防鸟网。

（2）应及时对鸟类有可能进入鸡舍的缝隙进行密封或安装防护网，以防止鸟类进入鸡舍。

（3）及时检查和维护所有安装的防鸟设施，以确保措施有效。

（4）任何人员在进出人流和物流通道时，应确保防鸟设施始终处于防护状态，禁止移动防鸟设施。

（三）防昆虫

（1）保持场区内无有机物堆积、无积水。

（2）操作间每天喷洒灭蝇药。

（3）每天及时处理垃圾。

十五、免疫

（一）制订免疫计划

各饲养场根据公司和事业部的免疫计划要求，制订本场的免疫计划，确定具体的免疫病种、免疫程序和免疫时间。

（二）免疫实施

（1）免疫工作由本鸡舍饲养员及本场其他鸡舍饲养员和技术人员具体负责实施。

（2）祖代鸡场免疫工作由本鸡舍饲养员和技术人员具体负责实施。

（3）本场其他鸡舍饲养员和技术人员须经洗澡消毒后方能进入免疫鸡舍开展免疫工作。

（4）祖代鸡场饲养员和技术人员须经洗澡（时间不少于 20 min）、消毒后方能进入免疫鸡舍开展免疫工作。

（5）免疫前要对免疫用具进行蒸煮消毒，准备好相应的疫苗，确认疫苗名称、类型、数量等。

（6）活苗采用滴鼻、点眼、喷雾或刺痘等方法免疫，在免疫的前、中、后 3 d 停止消毒，滑液囊支原体（MS）活苗免疫后 7 d 内不能消毒。

（7）灭活苗采用胸肌和颈背皮下注射免疫，免疫 200 只鸡更换 1 次注射针头（一大间换两次）。

（8）对免疫中漏免疫的鸡只要立即找出并补免疫，无法找出漏免疫的鸡只时，对该群鸡只全部再免疫 1 次。

（三）免疫善后处理

（1）活苗免疫结束后，要将滴瓶（含滴头）和配苗瓶中剩余疫苗倒入疫苗瓶中、灌入消毒液并加盖瓶塞，与空疫苗瓶、瓶塞及铝盖一起用消毒液浸泡后放入垃圾袋做焚烧处理。所有接触活苗人员，包括免疫人员、配苗人员在消毒盆清洗、消毒双手后方可离开鸡舍。配苗桌面、低温保存箱内外、冰袋表面要用浸泡过消毒液的毛巾认真擦拭消毒。滴瓶、滴头、配苗瓶等放入低温保存盒后带出鸡舍，将其清洗干净并煮沸消毒后下次使用。

（2）灭活苗免疫结束后，对剩余疫苗应密封后冷藏保存，二次使用，但须在 5 d 之内用完；空瓶等垃圾入袋无害化处理。连续注射器及针头要清洗干净，煮沸 15 min 后下次使用。

（3）祖代鸡场饲养员和技术人员在免疫结束后，须经洗澡（时间不少于

20 min）、消毒后方能离开鸡舍。

（四）免疫登记

当天免疫完后对免疫的鸡舍、日期、日龄，疫苗名称、生产厂家、批号、有效期、使用量等进行详细登记。

（五）免疫效果监测

根据采血程序和检测程序进行例行检测。

十六、兽药使用

（一）按要求使用兽药

（1）兽药使用应当遵守国务院《兽药管理条例》及兽医行政管理部门制定的兽药安全使用规定，科学、安全、合理使用兽药，并建立用药记录。

（2）根据药物的配伍禁忌选择联合用药，避免使用多种药物或固定剂量的联合用药。

（3）饲养员要仔细阅读和理解处方单上药物的使用方法和剂量，有疑问要及时与技术主管沟通。

（二）禁止使用的兽药

（1）假、劣兽药及人用药。

（2）原料药及国家明令禁止使用的兽药及其化合物。

（3）标识模糊不清或者脱落的兽药。

（4）外包装出现破损、封口不牢、封条严重损坏的兽药。

（5）超出有效期限的兽药。

（6）其他不符合规定的兽药。

（三）使用兽用处方药

使用兽用处方药需经具有处方权的兽医开具处方，按处方标明的用法和用量使用，并记录。

（四）使用有休药期规定的兽药

使用有休药期规定的兽药时，用药记录必须准确、真实；确保动物及其产品在用药期、休药期内不被用于食品消费。

（五）使用兽用抗菌药物

使用兽用抗菌药物时，要对症选用兽药产品，并按规定停药，禁止滥用抗生素。

（六）使用兽用生物制品

使用兽用生物制品时，应严格按照说明书和标签的规定执行，采取冷藏或保温等有效的温度控制措施，并建立详细记录。

（七）药物使用登记

每天登记各栋鸡舍使用药物的名称、批号、有效期、生产厂家、含量、主要成分、剂量、用量、开处方人姓名、送药人姓名、用药人姓名等。

（八）药物使用效果观察

药物使用后根据主要治疗方向观察疾病症状是否减轻、生产指标是否恢复、死或淘鸡是否减少等，并记录。

十七、样品采集

（一）样品采集主体

生产区样品由事业部及分场技术人员和饲养员负责采集，并送达实验室。

（二）样品采集种类与方法

1. 血清样品采集

雏禽多采用心脏采血。左手抓鸡，右手持采血针，平行颈椎从胸腔前口插入，回抽，有血液回流时，将针芯向外拉使血液流入针管。青年禽和成年禽的采集采用翅静脉采血。侧卧固定禽只，在翅下静脉处，用酒精棉消毒，使用一次性注射器从无血管处向翅静脉丛刺入，有血液回流将针芯缓慢拉使血液流入针管。采集的血液在室温下阴凉处倾斜放置 2~4 h，待血液凝固后自然析出血清。用离心机以转速 2 000~3 000 r/min 离心 5 min，分离血清。如果在一次性注射器中自然析出血清，注射器中应吸入 1~2 mL 空气。待大部血清析出后，将血清移到小塑料离心管中，盖紧盖子，封口，贴标签。采样时，要认真填写采样单，包括场名、畜主、日龄、联系人、电话、存栏数量、采样数量、样品名称、编号、免疫情况等。每个血清样品要单独包装，分装在不同的小塑料离心管中或小瓶中，一一编号，同群样品再用样品袋包装，样品袋外粘贴标签，标签注明样品名、样品编号、样品日期等。血清应冷藏或冷冻保存。采集样品后，如果能在短时间内送达实验室，可以放在 4 ℃左右的容器中运送。为避免样品泄漏，应将样品容器密闭后在保温瓶或箱中运输。如需寄送，应将装样品的容器放到更大的具有坚实外壳的容器内，并垫上足够多的缓冲材料。所有样品都要贴上详细标签，内附填写完整的采样单。

2. 蛋清样品采集

对鸡蛋进行消毒处理，如用碘镊棉擦拭鸡蛋尖端灭菌，然后用酒精棉再次擦拭。接着，用镊子钝端敲破蛋壳，使用移液器枪头从破壳处沿着蛋壳内壁伸入蛋内，吸取蛋清装入离心管中。

3. 组织样品采集

选择远离生产区、有消毒设施或便于消毒的区域剖检采样；剖检前，先将鸡只浸泡于消毒盆中，沾湿羽毛，但不能让消毒液进入其口腔，同时避免送检器官、组织的病原与消毒液接触；采集脏器主要有肝脏、肾脏、肺脏、气管、法氏囊、脑等，在样品采集部位选择上，最好采集病变和健康交界部位的组织或脏器，避开包心包肝的鸡只，同时根据疫病特点，选取病毒含量高的部位进行采集。所采集的组织、脏器一定要分别装袋。

4. 拭子样品采集

采样前，将采样缓冲液提前装入样品容器内，以不超过容器本身容积的2/3 为宜。开启拭子包装时，要从尾端拿出拭子（根据采样动物大小，选择合适型号拭子），注意不要接触拭子顶端；将无菌拭子插入盛有灭菌生理盐水或PBS 的管中浸湿，然后拿出并将拭子顶端全部插入被采样部位的腔体中，缓缓用力并旋转，擦拭被采样部位的腔体内部 2~4 次；最后打开容器，将样品端置于样品缓冲液中，并折断或剪下拭子的尾部，将拭子留在容器中，并拧紧或扣紧瓶盖。

采集注意事项：① 在进行气管拭子、咽拭子采集时，要等保护气管的软骨开启、禽只吸入空气时，将拭子顶端轻轻插入气管，轻缓擦拭气管后部和四周后退出拭子，然后重复下面的步骤；② 若为采集肛腔拭子，需避免拭子带过大体积的粪便；③ 如果禽只较小，气管开口直径狭窄，可能很难进行气管拭子采样，在这种情况下，应采集口咽部拭子，将拭子顶端在禽只口腔内旋转，接触口腔上下部分以及舌后部分。

（三）样品采集要求

鸡场样品采集要求主要包括个人防护、采样原则、采样方法、样品保存与运输等方面。

1. 个人防护

采样人员应做好个人安全防护，穿戴口罩、工作帽、防护服、防护靴、双层手套，必要时戴防护眼镜或面罩，以确保人员安全。

2. 采样原则

先排除后采样：发现急性死亡的动物，怀疑患有炭疽时，应先采集血样进行血液抹片镜检，确定不是炭疽后再进行解剖采样。

3. 合理选择采样方法

根据采样目的、内容和要求合理选择样品采集的种类、数量、部位与抽样方法，确保样品数量满足流行病学调查和生物统计学的要求。

4. 采样时限

采集死亡动物的样品应在动物死亡后 2 h 内进行，夏天不得超过 6 h，冬天不得超过 24 h。

5. 无菌操作

采样过程应注意无菌操作，采样用具应事先严格灭菌，每种样品应单独采集。

6. 生物安全防护

采样人员应加强个人防护，严格遵守生物安全操作的相关规定，防止人兽共患病感染。

7. 采样准备

包括采样器械、样品容器、采样记录用品、样品保存液、人员防护用具、环境消毒用品和废弃物收纳容器等。

8. 采样方法

包括血液样品采集、组织样品采集等，具体方法根据采样目的和要求而定。

9. 样品保存与运输

样品应密封完好，防止溢洒，在规定时间内运送到指定实验室。接样或检测单位应认真查验采样记录单，并按规定处理、保存样品。

综上所述，鸡场样品采集需要遵循一系列严格的操作规范和做好安全措施，以确保采样过程的准确性和安全性，同时保证样品的代表性和真实性，为后续的检测和分析提供可靠的数据支持。

十八、健康巡查

（一）巡查人员

由饲养人员负责对其管理的鸡舍的鸡群进行健康巡查。

（二）巡查内容

1. 群体巡查

从静态、动态和食态等方面对鸡群群体进行巡查。主要巡查鸡群群体的精神状况、外貌、呼吸状态、运动状态、饮水和饮食及排泄状态等。

2. 个体巡查

采用视诊、触诊、听诊等方法对鸡群个体进行巡查。主要巡查鸡群个体的精神状况、体温、呼吸、羽毛、天然孔、冠、髯、爪、粪等情况，以及触摸嗉囊内容物性状等。

3. 巡查次数

每天巡查两次。

4. 巡查记录

饲养人员对每天的健康巡查情况进行登记。

5. 异常情况报告

饲养人员在健康巡查中发现异常情况，要及时向技术人员报告。技术人员要到现场查看情况，了解分析原因，并将异常情况上报分场。

十九、淘汰种鸡

淘汰种鸡（简称淘鸡）期间属疫病危害高风险期，要周密安排，严格按程序落实疫病防控措施，使疫病风险降到最低。

（一）制订淘鸡计划

根据公司生产计划制订种鸡淘汰计划，明确淘汰时间、淘汰场舍、淘汰数量、淘汰要求等。

（二）淘鸡前准备

（1）所淘种鸡大部分由外来商贩来场运输，运输车须提前抵达并在固定洗车点进行清洗消毒。首先要清除车厢和鸡笼中残留的粪便、鸡蛋、鸡毛等污染物，再进行充分冲洗，最后喷洒消毒药物。消毒药物选择：温度高时选择三氯异氰尿酸钠，250 倍稀释；温度低时选择安灭杀，150 倍稀释。

（2）鸡场淘鸡前，应准备好足够的筐，以免影响淘鸡速度。淘鸡筐数量原则上每个事业部要能满足自身需要，禁止事业部间交叉使用。筐准备好后，要进行冲洗和消毒，备用。

（三）淘鸡现场要求

（1）分场内工作人员与淘鸡台上的工作人员要严格分开，不能交叉。淘鸡筐不能进入鸡舍，也不能与外来筐直接接触。

（2）淘鸡时，由饲养员将鸡从鸡舍后部运出放在鸡舍外污道的平台上，由场区人员将鸡装筐后再装到转运车上，由转运车转运至淘鸡台。在淘鸡台上由专门人员对淘汰鸡进行称重、登记、倒筐，之后装在运输车上运走。饲养员不能与装鸡人员接触；装鸡人员不能与转运人员接触，不能上淘鸡台。装鸡人员、转运人员、称重登记人员经洗澡、消毒后离开生产区。

（四）淘鸡善后处理

（1）淘鸡结束后，对分场淘鸡区域和淘鸡台及转运车进行彻底清扫和消毒，对残留的弱鸡进行无害化处理。淘鸡筐子进行清洗消毒，放入仓库保存。

（2）做好淘鸡的登记工作，重点记录淘鸡的时间、地点、数量、重量、单价、淘鸡人员姓名、商贩姓名、运鸡车车牌号、淘汰鸡去向等。

二十、空舍期鸡舍清洗及消毒

（一）空鸡舍清理

淘鸡后要求对空鸡舍进行 1 次彻底清理，将鸡舍余料、料盘、杂物等清理出鸡舍，对地面、架板、蛋箱、钢梁、墙面、电线、风机、翻窗等鸡舍内设施、设备进行拆卸清理，对禁止进水的设备做好保护。

（二）空鸡舍清洗

（1）对鸡舍清理出的设施、设备要按要求进行清洗消毒，完成后统一堆放在鸡舍指定位置。

（2）用高压水枪对鸡舍做全方位清洗，做到无鸡粪、鸡毛、饲料、粉尘、尿酸盐等。

（3）鸡舍冲洗后要进行检查验收，首先由分场场长进行初验，初验合格后再由事业部经理进行复验。

（三）空鸡舍消毒

1. 熏蒸消毒

鸡舍清洗完后进行通风晾干，根据生产计划进行一段时间的干燥空舍。在第一栋鸡舍进鸡前 10 d 左右进行甲醛熏蒸消毒。先将鸡舍所有门窗封闭，用塑料布或者报纸将鸡舍所有缝隙密封，后用甲醛熏蒸。甲醛用量为 40 mL/m³，采用专用锅炉加热挥发的方式使气态甲醛喷入鸡舍。甲醛挥发完后开始计时，密封 24~36 h，然后开封。熏蒸前在鸡舍内喷洒消毒液，消毒药使用三氯异氰尿酸钠，稀释比例为 500 倍稀释，喷洒消毒液有消毒和加湿双重作用，加湿有助于甲醛发挥作用。

2. 喷雾消毒

甲醛熏蒸后，再用消毒液喷雾消毒 3 遍。第 1 遍用氯制剂，稀释比例为 500 倍，分架下和架上进行喷雾；第 2 遍用安灭杀，稀释比例为 400 倍，分架下和架上进行喷雾；第 3 遍在进鸡当天进行，使用卫可，稀释比例为 500 倍，有加湿和消毒双重作用。上述消毒药稀释比例可根据具体情况适当调整。前两遍喷雾消毒后，密封鸡舍升温后进行甲醛排放。

（四）空鸡舍消毒效果监测

根据鸡舍消毒情况在鸡舍开封后抽检育雏舍，对于抽检不合格的鸡舍重新进行消毒，合格后允许进鸡。

第四节　生活区要求

一、人员进出生活区

凡进出生活区的人员均须经过集中管理区，由集中管理区专车送至生活区或集中管理区，且须消毒、洗澡和更换衣服、鞋、帽。

进入流程。允许进入生活区所有人员：从集中管理区由专车送至生活区门口—生活区消毒通道消毒、洗澡—更换衣服、鞋、帽—进入生活区。

离开流程。生活区人员：生活区消毒通道消毒、洗澡—更换衣服、鞋、帽—集中管理区专车由生活区送至集中管理区—集中管理区消毒通道消毒、洗澡—更换衣服、鞋、帽—离开集中管理区。

（一）人员进入生活区

（1）饲养人员由生产区进入生活区时，要在消毒通道内消毒，将绿色工作服和鞋帽放在消毒通道指定位置，更换好蓝灰色服装和鞋后进入生活区。饲养人员由其他区域进入生活区时，除经以上程序外，还需经过洗澡（时间不少于 10 min）后方可进入。

（2）祖代鸡场饲养人员由生产区进入生活区时，要在消毒通道内消毒、洗澡（时间不少于 10 min）后方可进入。

（3）除饲养人员、选蛋工、勤杂工、维修人员、兽医人员、技术人员、场长(包括副场长)、事业部经理（包括副经理）和公司高管及父母代场饲养人员和前来探亲的选蛋工直系亲属（父母或子女）外，其他人员禁止进入生活区。

（4）祖代鸡场除饲养人员、选蛋工、勤杂工、维修人员、兽医人员、技术人员、场长（包括副场长）、事业部经理（包括副经理）和公司高管外，其他所有人员禁止进入生活区。

（5）祖代鸡场谢绝饲养人员和选蛋工的亲属进入。

（6）饲养人员和前来探亲的选蛋工直系亲属（父母或子女）在进入生活区前，须由被探亲人提前1周填写申请单，由场长确定签字后提交部门经理确认，总公司生产办内勤复核登记；进入生活区时需承诺本人在至少1周之内与禽类及禽类产品无接触史，两周内未进出过疫区。

（7）承诺书内容为：为保证养殖基地生物安全，根据《XX 养殖基地生物安全手册》的规定，本人郑重承诺：1 周内未接触过禽类及禽类产品，3 周内未进出过禽类传染病疫区。

（8）除饲养人员外，其他能进入生活区的人员进入生活区时，要在消毒通道内将本人随身物品交由场区接待人员消毒处理（清洗消毒，不能清洗消毒的熏蒸消毒，不能熏蒸消毒的用消毒液擦拭，不能擦拭的用紫外线灯照射），本人的衣服和鞋帽放在指定地点，消毒、洗澡（时间不少于 10 min）后换上场区接待人员准备的衣服和鞋帽后进入生活区。

（9）出现重大自然灾害或火灾情况时，人员可不经过消毒、洗澡、换衣等程序，只需穿防护服，戴口罩，穿胶靴，双脚踩消毒盘，双手浸入消毒盆内消毒后可直接进入生活区。

（10）出现设备故障或损毁使正常生活无法进行的紧急情况时，维修人员双脚踩踏脚踏盆、双手浸入消毒盆消毒，由工作人员引导进入洗澡间洗澡，洗完澡后换上场区准备的衣服和鞋帽。所带工具能清洗消毒的由工作人员将工具浸入消毒液内消毒，不能清洗消毒的由工作人员用浸有消毒液的抹布擦拭消毒后直接带入。

（二）人员离开生活区

（1）饲养人员可直接通过消毒通道离开生活区进入生产区，进入生产区前要消毒、洗澡（时间不少于 10 min），更换绿色工作服和鞋帽。

（2）其他人员通过生活区消毒通道消毒洗澡后更换本人衣服，带上已熏蒸消毒过的本人物品离开生活区。

二、物品进出生活区

（一）物品进入生活区

（1）食品类物品需经紫外线照射 60 min。

（2）非贵重类衣服需在消毒桶中浸泡消毒 30 min。

（3）贵重衣物及不能清洗消毒物品需散开挂在熏蒸消毒柜中熏蒸；小件不能挂的物品要整齐放在物品架上，不能重叠，箱子及包内物品要掏出并将箱子和包敞开熏蒸。熏蒸时间为 60 min。

（4）禁止任何禽类及其产品进入生活区，一经发现，必须立即没收、销毁，并严厉处罚当事人。

（二）物品撤出生活区

离开生活区的物品要经过清洗消毒或熏蒸消毒或擦拭消毒后方可离开。

三、车辆进出生活区

所有进入场内的车辆，必须先通过车辆消毒通道消毒后方可进场，同时司机需通过大门口消毒室（或生产区消毒室）消毒。驾驶员在进入生产区前需更换一级防疫服，方可进入生产区，但不得进入鸡舍。所有非生产车辆禁止入场，如送菜的车辆或其他运送小物品的车辆，应停在大门外，物品由厨师运送入餐厅。所有出场的车辆，司乘人员更换工作服后方可离场。在橙色、红色生物安全区等待，所有出场的车辆，必须经喷雾消毒，方可离场。

四、厕所清扫消毒

生活区公用厕所每天由勤杂工进行清扫和喷雾消毒；对粪便及时进行清理和无害化处理。

五、垃圾清扫消毒

生活区院落、办公室等公共区域由勤杂工每天进行清扫和擦拭，对清扫的垃圾进行无害化处理。每周对院落和办公室等公共区域进行 1 次喷雾消毒。

六、宿舍消毒

每天对宿舍地面进行 1 次喷雾消毒。

七、防鼠、防鸟、防昆虫

（一）防鼠

（1）各栋宿舍之间应为硬化地面，清除杂草。

（2）应及时对有可能进入鼠类的缝隙进行密封或安装防护网，以防止鼠类进入宿舍。

（3）安装的防鼠设施要及时进行检查和维护，以确保措施有效。

（4）设置各种灭鼠陷阱和捕鼠夹等。

（5）及时检查和维护所有防鼠设施，以确保设施有效。

（6）所有人员在进出人流和物流通道时，禁止移动防鼠设施，确保防鼠设施始终处于防护状态。

（7）根据鼠害情况投放灭鼠药，并依据药物有效期限，及时更换灭鼠药，确保灭鼠效果。

（8）室外禁止倾倒餐厨垃圾。

（二）防鸟

（1）堵死宿舍各种小的洞口。

（2）室外禁止倾倒餐厨垃圾。

（3）及时检查和维护所有防鸟设施，以确保设施有效。

（4）所有人员在进出人流和物流通道时，禁止移动防鸟设施，确保防鸟设施始终处于防护状态。

（5）应及时对有可能进入鸟类的缝隙进行密封或安装防护网，以防止鸟类进入宿舍。

（三）防昆虫

（1）保持生活区内无有机物堆积和积水。

（2）昆虫滋生季节，公共区域每天喷洒灭蝇药；宿舍内根据情况及时喷洒灭蝇药。

（3）室外禁止倾倒餐厨垃圾。

（4）每天及时处理垃圾。

第五节　集中管理区要求

一、人员进出集中管理区

凡进出集中管理区的人员均须经过消毒、洗澡（非养殖场人员可不洗澡）并更换衣服、鞋、帽。

进入流程为：允许进入集中管理区所有人员—集中管理区消毒通道消毒、洗澡—更换衣服、鞋、帽—进入集中管理区（非养殖场人员只允许进入集中管理区外控区，禁止进入内控区）。

离开流程为：集中管理区人员—集中管理区消毒通道消毒、洗澡（非养殖场人员可不洗澡）—更换衣服、鞋、帽—离开集中管理区。

（一）养殖场人员进入集中管理区

（1）进入门房前双脚先踩踏加入消毒药物的脚踏盘，进入门房后在洗手消毒区将双手清洗后浸入带有消毒液的洗手消毒盆，再将双手拿出，甩掉手上水珠等待自然晾干。

（2）由工作人员指引在登记本上填写相关记录并签字。将自己所带物品分类交由工作人员消毒处理。

（3）将自身佩戴的饰品、手机、钱包、眼镜等不能清洗消毒的随身物品交由工作人员进行消毒处理，按工作人员指引通过自动喷雾消毒通道后进入洗澡间。

（4）进入洗澡间后在外更衣室将身上所穿衣服全部丢入装有消毒液的衣服消毒专用桶中（不能清洗消毒的衣服需交由工作人员另行熏蒸消毒处理），衣服要浸入消毒液面以下；鞋子浸入专用消毒桶中（要浸入液面以下）。衣服鞋子在浸泡消毒 30 min 后由工作人员取出放在洗衣房指定地方，由隔离人员自己清洗。

（5）洗澡时必须用专用洗护剂从上到下清洗一遍，冲洗时间 10~20 min（祖代鸡场洗澡时间 20 min 以上）。洗完澡后用准备好的干净浴巾擦干，在内更衣室穿上由工作人员事先准备好的一次性内衣、隔离服和鞋帽等后出洗澡间。洗澡间为单向通道，禁止反向通过。夏天配备隔离服、皮带及一次性内衣；冬天配备隔离服、一次性内衣、保暖内衣、皮带、棉大衣。

（6）出洗澡间后由工作人员带到指定隔离房间进行隔离。隔离房间所用床单、被罩、枕套等要一人一换。

（7）隔离人员要在隔离区隔离 24 h；祖代鸡场隔离 48 h。隔离期间将自己消毒好的物品收拾妥当放在隔离房内，不要长期占用熏蒸柜，清洗自己的衣物要在指定地点进行。

（8）隔离期间，隔离人员只能在集中管理区内控区范围内活动，不能擅自离开。

（9）隔离期满后将被套、床单、枕套拆下交给门房工作人员清洗。

（10）出现自然灾害或火灾的紧急情况时，人员可不经过消毒、洗澡、换衣、隔离等程序，只需身穿防护服，戴口罩，穿胶靴，双脚踩踏消毒盘，双手浸入消毒盆内消毒后可直接进入集中管理区。

（11）出现设备故障或损毁使正常工作无法进行，且可能在短时间内造成重大经济损失的紧急情况时，维修人员可不经过消毒、洗澡、换衣、隔离等程序，直接穿防护服，戴口罩，穿胶靴，双脚踩踏消毒盘，双手浸入消毒盆消毒后进入集中管理区进行维修工作。所带工具能清洗消毒的由工作人员将工具浸入消毒液内消毒，不能清洗消毒的由工作人员用浸有消毒液的抹布擦拭消毒后直接带入。

（二）非养殖场人员进入集中管理区

（1）非养殖场人员进入集中管理区需经公司分管副总及以上管理人员批准。

（2）祖代鸡场谢绝非养殖场人员进入集中管理区。

（3）非养殖场人员在进入集中管理区时，须承诺本人在1周之内与禽类及禽类产品无接触史，并在承诺书上签字。

（4）进入门房前双脚先踩踏加入消毒药的脚踏盘，进入门房后在洗手消毒区将双手清洗后浸入消毒盆内消毒，再将双手拿出，甩掉手上水珠等待自然晾干。

（5）由工作人员指引在登记本上填写相关记录并签字。将本人所带物品交由工作人员分类消毒处理。

（6）将自身佩戴的饰品、手机、钱包、眼镜等不能清洗消毒的随身物品交由工作人员进行消毒处理。由工作人员指引通过消毒通道消毒。

（7）在消毒通道更衣间换穿防护服、口罩、鞋和帽后，由工作人员引导进入集中管理区外控区。

（8）非养殖场人员只能在集中管理区外控区范围内活动，禁止进入内控区。

（9）集中管理区外控区和内控区须进行物理隔离，并用标识牌标识。

（三）人员离开集中管理区

（1）养殖场人员离开集中管理区时要通过专门离开通道，在洗澡间洗澡消毒后，更换本人衣服，并将隔离服和鞋帽交由门房人员消毒处理，即可离开集中管理区。

（2）非养殖场人员离开集中管理区时要通过专门离开通道消毒后，更换本人衣服，并携带本人物品，即可离开集中管理区。

二、物品进出集中管理区

（一）物品进入集中管理区

（1）食品类物品须放入臭氧熏蒸消毒柜中消毒 1 h。

（2）非贵重衣服类须在消毒桶中浸泡消毒 30 min。

（3）贵重衣物及不能清洗消毒的物品须散开挂在熏蒸消毒柜中，小件不能挂的物品要整齐放在物品架上，不能重叠，箱子和包内物品须掏出并将箱子和包敞开，熏蒸消毒，熏蒸时间 1 h。

（4）蔬菜须在专用通道内臭氧熏蒸消毒 12 h。

（5）所有蛋盘须首先进入集中管理区库房保存，进入时须经过消毒后方可进入。塑料蛋盘冲洗浸泡消毒 30 min；纸质蛋盘熏蒸消毒 30 min。

（6）超大物品进入管理区能清洗消毒的用高压枪清洗消毒，不能清洗消毒的物品采用熏蒸消毒。

（7）禁止禽类及其产品进入集中管理区。

（8）禁止羽绒类衣服带入集中管理区，交由工作人员封存妥善保管。

（二）物品撤出集中管理区

（1）所有进入生产区的蛋盘在离开集中管理区时须进行消毒处理。塑料蛋盘冲洗浸泡消毒 30 min；纸质蛋盘熏蒸消毒 30 min。

（2）除蛋盘外的其他物品出管理区时可不经消毒处理直接撤出集中管理区。

三、车辆进出集中管理区

（一）养殖场车辆进入集中管理区

（1）车辆（蛋车、料车等）进入前先将车辆停在专用消毒通道内，熄火后司机下车。

（2）司机进入集中管理区门房，先双脚踩脚踏盘，双手全部浸在消毒盆内消毒，自然晾干，后进入司机换衣间更换专用隔离服。

（3）饲料运输车在集中管理区专用消毒通道进行喷雾消毒后驶向各分场。消毒药使用安灭杀，稀释比例为 500 倍。

（4）运送自养父母代雏鸡的运输车在集中管理区专用消毒通道进行喷雾消毒后驶向各分场。消毒药使用安灭杀，稀释比例为 500 倍。

（5）向祖代鸡场运送祖代雏鸡采用养殖场祖代雏鸡专用车运输。

（6）运送自养父母代雏鸡的运输车在进入集中管理区时至少提前 1 周从市场上返回孵化场所在城市，在品管部人员监督下在洗车店对车辆内外进行全方位清洗，特别注意对车辆轮胎表面，车厢内部、脚垫等死角的清洗，最后用消毒药进行喷洒消毒，车厢内部用消毒液进行擦洗消毒。消毒药物选择安灭杀或卫可，安灭杀150 倍稀释，卫可 100 倍稀释。清洗消毒完成后，车辆停放到孵化场待用。

（7）运送自养父母代雏鸡的运输车在进入集中管理区前 1 d，要对运输车辆车厢进行甲醛熏蒸。甲醛与高锰酸钾比例为 2:1，甲醛用量为 20 mL/m³，高锰酸钾用量为 10 g/m³。车辆 1 周内未接触过禽类；祖代鸡场要求车辆 3 周以上未接触过禽类。

（8）司机在进入管理区后禁止中途下车。

（9）管理区周转车辆每周定期消毒 1 次。

（10）祖代鸡场管理区周转车辆每 2 d 消毒 1 次。

（二）非养殖场车辆进入集中管理区

（1）车辆进入集中管理区须经公司分管副总及以上管理人员批准。

（2）祖代鸡场禁止非养殖场车辆进入集中管理区。

（3）司机在进入集中管理区时，需承诺自己在 1 周之内与禽类及禽类产品无接触史，并在承诺书上签字。

（4）车辆进入前先将车辆停在消毒通道内，熄火后司机下车。

（5）司机进入集中管理区门房，先双脚踩脚踏盘，双手全部浸在消毒盆内消毒，自然晾干，后进入司机换衣间更换专用隔离服。

（6）司机换衣期间，由门房工作人员用高压水枪对车辆表面进行全面冲洗消毒，用专用喷雾器对驾驶室进行喷雾消毒，没有装货的空车须对车厢进行冲洗消毒。

（7）车辆消毒完毕后由司机驾驶进入集中管理区外控区停车场停放，司机只能在集中管理区外控区范围内活动，禁止进入内控区。

（三）车辆驶离集中管理区

车辆可不经消毒直接驶离集中管理区。

四、种蛋进出集中管理区

（一）种蛋进入集中管理区

（1）各分场种蛋由种蛋转运车直接转运至集中管理区蛋库存放。

（2）蛋库存储温度：冬季 12~16 ℃，夏季 17~20 ℃。

（3）蛋库地面每天进行 1 次喷雾消毒。

（二）种蛋运出集中管理区

（1）种蛋运输车进入蛋库前须进行喷雾消毒，保温用的棉被、三合板等应 1 周消毒 1 次。

（2）种蛋用专用标准托盘装好后直接装车运送至孵化场。

（3）种蛋运输温度为：冬季 12~16 ℃，夏季 17~20 ℃。

（4）不合格种蛋用蛋托装好后直接装车运送至公司销售部销售。

五、饲料进入集中管理区

外购颗粒料需在集中管理区卸料，在库房集中消毒处理后，由内部饲料专用转运车运至各分场。

自产饲料由公司饲料专用密封运输车运输，在集中管理区对运输车辆进行全面冲洗消毒后直接送至各分场。

六、药品、疫苗进出集中管理区

（一）药品、疫苗进入集中管理区

（1）疫苗、药品由公司直接送至集中管理区，接收人员要检查药品、疫苗名称、生产厂家、生产日期、批号和包装等。

（2）检查后符合规定的进行消毒处理并登记记录，及时按要求入库保存，不符合规定的联系相关人员退回，不得签收。

（3）疫苗要放置在冰箱中保存，药品要分门别类放置在专门的药品柜内保存，并注意避光、防湿、防潮、防鼠。冰箱内应配置可直接读数的温度计，且每天定时查看并记录温度。夏季若出现停电时，应向冰箱内投放冰袋以保证规定的温度。

（二）药品、疫苗运出集中管理区

（1）各分场使用的药品、疫苗由各分场直接从集中管理区库房领取，并在领用登记记录本上签字，离开集中管理区时不用消毒处理。

（2）对未使用完的药品、疫苗要列出清单，按保存要求分类包装，登记记录后出库直接送回公司库房，送回前与公司相关人员联系注意接收，离开集中管理区时不用消毒处理。

七、厕所清扫消毒

集中管理区公用厕所每天由勤杂工进行清扫和喷雾消毒，对粪便及时进行清理和无害化处理。

八、垃圾清扫消毒

集中管理区院落、办公室等公共区域由勤杂工每天进行清扫和擦拭，对清扫的垃圾进行无害化处理。每周对院落和办公室等公共区域进行1次喷雾消毒。

九、宿舍消毒

每天对宿舍地面进行1次喷雾消毒。

十、防鼠、防鸟、防昆虫

（一）防鼠

（1）各栋建筑物之间应为硬化地面，清除杂草。

（2）应及时对有可能进入鼠类的缝隙进行密封或安装防护网，以防止鼠类进入房舍。

（3）要及时检查和维护防鼠设施，以确保措施有效。

（4）所有人员在进出人流和物流通道时，禁止移动防鼠设施，确保防鼠设施始终处于防护状态。

（5）设置各种灭鼠陷阱，如捕鼠夹等。

（6）根据鼠害情况投放灭鼠药，并依据药物有效期限，及时更换灭鼠药，确保灭鼠效果。

（7）室外禁止倾倒餐厨垃圾。

（二）防鸟

（1）不在集中管理区种植大型乔木。

（2）不在集中管理区种植粮食作物。

（3）堵死房舍各种小的洞口。

（4）应及时对有可能进入鸟类的缝隙进行密封或安装防护网，以防止鸟类进入房舍。

（5）所有人员在进出人流和物流通道时，禁止移动防鸟设施，确保防鸟设施始终处于防护状态。

（6）及时检查和维护所有防鸟设施，以确保设施有效。

（7）室外禁止倾倒餐厨垃圾。

（三）防昆虫

（1）保持生活区内无有机物堆积和积水。

（2）昆虫滋生季节，公共区域每天喷洒灭蝇药；宿舍内根据情况及时喷洒灭蝇药。

（3）室外禁止倾倒餐厨垃圾。

（4）每天及时处理垃圾。

第二章　孵化基地建设和环境控制

第一节　选址与布局要求

一、选址要求

选址应符合当地农业产业发展规划和农业产业政策。符合当地生态环境保护规划和生态环境保护要求。

符合当地土地利用规划和土地利用政策。要求地势高、向阳背风、通风良好、便于排水、利于排污、隔离条件好。交通便利、网络畅通、水电供应可靠、水质符合饮用水标准。高原地区应尽可能选择在低海拔处建场。远离湖泊、湿地、饮用水源保护地、风景名胜区和自然保护区。远离城乡居民区、文化教育科学研究区等人口集中区域。远离化工厂、生物发酵厂、噪声较大的厂矿区等。距离生活饮用水源地、家禽屠宰加工场所、家禽和家禽产品集贸市场、家禽饲养场、家禽孵化场、动物诊疗场所及化工厂、生物发酵厂、噪声较大的厂矿区等 3 000 m 以上。距离家禽隔离场所、无害化处理场所、垃圾和污水处理场所 3 000 m 以上。距离城镇居民区、文化教育科学研究区等人口集中区域及公路、铁路等主要交通干线 1 000 m 以上。

二、布局要求

孵化不同代次的产品应分别建场。整个孵化场场区周围须有围墙等物理屏障与外界隔离。生产区出入口须设置与门同宽、长 4 m、深 0.3 m 以上的消毒池；两侧设门卫和消毒更衣室。生产区与生活区、办公区、缓冲区分开，并有隔离设施。生活区、办公区出入口设置消毒池或消毒垫。孵化场须设置种蛋通道、人员通道、雏鸡通道和废弃物运出道路，且禁止相互交叉。应按主导风向和地势坡向安排生活区、办公区、生产区、废弃物和污水处理区的先后顺序，具体为：生活区—办公区—生产区—废弃物、污水处理区。在主导风向和地势坡向不一致时，以主导风向为主；主导风向与地势坡向有矛盾时可采取诸如挖沟设障或利用偏角（与主导风向线垂直的两个偏角）等方法。孵化厅的种蛋入口应在主导风向的上风向处，雏鸡出口（尤其是废弃物出口）应在下风向处。污水沉淀池和病死雏鸡及废弃物等无害化处理区设在孵化场下风向处。种蛋入口、人员入口、雏鸡出口、废弃物出口须严格分开，各有专用道路与孵化厅连接，各行其道，防止交叉污染。孵化厅内公共设施与净区和污区之间的通道须分开，且禁止相互交叉。生产区道路路面材料可选择柏油、混凝土等，路面宽度3~4 m，路面两侧留有绿化位置。

第二节　设施与设备

一、设施

孵化厅采用密闭建筑，屋顶及墙壁采用保温隔热材料密封，须牢固、保温、防雨雪、防鼠害、防虫、防鸟。生产区出入口正门设置消毒池；侧门设置行人消毒池、洗澡间和更衣消毒室。种蛋入口、雏鸡出口、废弃物出口须设置专用消毒通道；人员出入口须设置专用消毒通道和洗浴间及更衣间。孵化厅内公共设施与净区和污区之间的通道连接处及净区和污区之间的连接处须设消毒池，且消毒池地面呈浅凹的槽形或制作不生锈的消毒盘并铺消毒垫。有与生产规模相适应的无害化处理设施。

二、设备

（一）选蛋机

采用选蛋机提高种蛋均匀度，剔除破蛋和裂纹蛋。

1. 提高种蛋均匀度

按鸡蛋的重量分级，分为几个区间范围，范围越小均匀度越高。

2. 剔除破蛋、裂纹蛋和脏蛋

通过光源把破蛋，裂纹蛋和脏蛋识别出来，减少污染。

（二）孵化器

采用大箱体孵化器、小单体孵化器和巷道孵化器。

1. 大箱体孵化器

采用彼得森大箱体孵化器，属于全进全出的单阶段箱体式孵化器，通过蛋表温度精准控制胚胎的发育情况。

2. 小单体孵化器

采用依爱小单体孵化器，属于全进全出的单阶段孵化器，通过变温或恒温（变温居多）的孵化模式，用空气温度来控制鸡胚的发育情况。单阶段孵化器在卫生级别方面更具优势。

3. 巷道孵化器

巷道孵化器属于多阶段的孵化器。以控制入口温度为主，其主要加热方式是利用老蛋所产出的热量给新蛋加热。

（三）出雏器

采用彼得森 4H 与 8H 出雏器、小箱体出雏器和依爱环流出雏器。

1. 彼得森 4H 与 8H 出雏器

适用于采用彼得森大箱体孵化器出雏。通过用温度、通风、湿度、二氧化碳或同步出雏等控制方式对出雏器进行自动控制，缩短出雏窗口、保证出雏质量。

2. 小箱体出雏器

适用于依爱小单体孵化器出雏。通过控制空气温度、湿度、通风等方式控制出雏。

3. 依爱环流出雏器

适用于环流机出雏。通过控制空气温度、湿度、通风等方式控制出雏。

（四）照蛋器

采用自动、半自动和手提式照蛋器

1. 自动照蛋器

自动照蛋器可自动识别剔除无精蛋和死胎蛋，包括自动落盘装置和自动清洗消毒装置。

2. 半自动照蛋器

半自动照蛋器通过人工识别剔除无精蛋和死胎蛋，可配置自动落盘装置和自动清洗消毒装置。

3. 手提式照蛋器

通过人工手持照蛋器，逐枚剔除无精蛋、死胎蛋、破蛋及污染蛋。虽然效率低，但准确度高。

（五）断喙、计数、注射设备

采用美国 Nove Tech 公司的 1 日龄红外线自动断喙、注射、计数设备，进行自动断喙、注射、计数。

1. 断喙

在电脑上（PPA）设置自己需要的断喙参数，调整断喙的长短。

2. 注射

在电脑上（PPA）设置自己需要的注射参数，调整注射频率；在机器的注射模块上，根据注射模块的挡位控制，调整注射针头的长短。

3. 计数

在电脑（PPA）或 PSP 上设定盒（筐、盘）中鸡的数量，由终端控制器自动监控当日的雏鸡处理总数。

（六）喷雾免疫设备

由人工自动控制调节免疫剂量，通过气压压力控制的方式使喷头的水雾化，让机体各个外观器官接触到疫苗雾水点并吸收，达到免疫的目的。

（七）通风设备

实行正压通风。采用新风机组将空气经过过滤、加热、加湿或除湿、冷却处理后送入孵化器、出雏器及操作间内。由压力开关控制排风扇与外界换气。以上功能与设备均由控制终端设定好参数自动控制。

（八）降温设备

采用风冷散热器（冬季）设备与螺杆式制冷（夏季）设备，对孵化器和出雏器降温，温度由终端控制器自动控制。

（九）供暖设备

采用天然气加热的蒸汽锅炉经转换给暖气管和加热盘管送热水的方式采暖。

（十）照明设备

采用 220 V 的节能灯给场区及车间提供亮度，在一些湿气大或有水的地方则需选用防水、防爆外壳的电棒、节能灯。

（十一）其他设备

配备与生产规模相适应的无害化处理设备。配备与消毒要求相适应的消毒设备。所有窗户都应用孔径为 2 cm 的铁丝网封闭，防鼠、防鸟。应配备种蛋运输车和运雏车，专车专用，并配备专用车库。配备专用发电设备。

第三节　生产区要求

一、人员进出生产区

（一）人员进入生产区大门

（1）人员进入生产区大门时禁止携带任何宠物或活禽以及生禽肉、禽蛋及危险物品。

（2）员工及亲属有从事禽类养殖、屠宰、贩运、销售业务的谢绝进入场内。

（3）员工必须通过大门侧面的人员专用消毒通道经过踩踏消毒盘消毒（或喷雾消毒）后进入。

（二）人员进入生产车间

（1）进入外更衣室，脱掉内外衣裤、鞋袜，放入对应个人编号的更衣柜里并锁好，穿拖鞋进入淋浴间。

（2）在淋浴间沐浴 10~15 min。

（3）洗澡结束后进入内更衣室，从对应个人编号的更衣柜中取出工作服、鞋，并穿戴整齐后进入车间缓冲区，再用 75% 的酒精对手的正反面进行消毒。

（4）直接进入该操作区域。

（三）人员出生产车间

（1）出车间时在内更衣室将自己的工作服、鞋脱下放入个人编号的衣柜内锁好，进入外更衣室。若当日出雏，则将自己的工作服、鞋脱下放入盛衣桶，送洗衣房清洗消毒。

（2）在外更衣室，取出自己外穿的衣服、鞋子等穿好后直接离开。

（四）人员出生产区大门

（1）通过大门侧面的人员专用消毒通道经过消毒后离开。

（2）禁止携带厂区内的任何物品出消毒通道。

二、物品进出生产区

（一）物品进入生产区

（1）物品进入场区先经过大门整体消毒，经允许再进入场区。

（2）进入场区内在规定位置摆放整齐，并登记。

（3）物品须单向使用，未经允许不得让使用过的物品返回或者重复给其他区域使用。

（二）物品进入生产车间

（1）物品放入车间消毒通道，进行消毒后进入。

（2）物品进入后放在规定位置，摆放整齐。

（三）物品出生产区

（1）物品必须进行检查，合格者方可运出。

（2）物品从大门口运出时必须单向运出。

三、车辆进出生产区

（一）种蛋运输车进入生产区

运蛋车进入大门必须先停放在车辆消毒池内，经自动喷雾消毒后方可驶入卸蛋间。

（二）雏鸡运输车辆进入

（1）运雏车须通过专用消毒通道消毒后进入。

（2）进入运雏车清洗间进行再清洗消毒。

（3）消毒后的车辆停靠在规定区域。

（4）车间人员接到运雏计划后，车辆进入发运车间。

（5）运雏车辆在发运车间装雏前车辆内部须进行喷雾消毒。

（三）副产品运输车辆进入

（1）车辆须通过专用消毒通道消毒后进入。

（2）车辆进入后停靠在副产品间装车平台处。

（四）物资运输车进入

（1）车辆经过专用消毒通道消毒后进入。

（2）进入后由库管员指引，停靠在卸物品口处。

（五）种蛋运输车驶离

（1）车辆在卸蛋间进行卫生清扫，消毒。

（2）车辆须单向驶向大门离开。

（六）雏鸡运输车驶离

（1）由值班人员在发运间对车辆进行喷雾消毒。

（2）值班人员根据发运单将雏鸡装车，装完后，双方确认并签字。

（3）车辆须单向驶向大门离开。

（七）副产品运输车驶离

由发运人员清点数量，开具副产品出库单，经双方核对数量并签字后，单向行驶至专用消毒通道，消毒后驶出。

（八）物资运输车驶离

由库管员清点数量，接收入库，开具物资入库单，经双方核对数量并签字后，单向行驶至专用消毒通道，消毒后驶出。

四、种蛋进入生产车间

（一）种蛋接收

1. 消毒

手提喷雾器对卸车站台、车后门先进行消毒。

2. 验收

索取运蛋车运单进行卸前初验，卸后点验，验收后在验收单上作记录。

3. 卸车

按照指定卸蛋区域将各分场不同鸡舍的种蛋分开整齐摆放，卸蛋过程中动作要轻、快、稳，禁止粗暴卸蛋。

（二）种蛋挑选

1. 消毒

选蛋人员在上蛋前须洗手消毒，同时对上蛋工作台及器具进行清洗消毒。

2. 准备

上蛋工作台要摆放平稳、整齐；上蛋车排开就位；铁铲、抹布、拖布、消毒盆、毛巾合理摆放；标签、记录本、笔放好备用。

3. 操作

手工上蛋：从蛋箱中（或解捆扎绳）取出种蛋，摆放在上蛋工作台上从蛋盘储存间取出上蛋盘，摆放在上蛋工作台上—从蛋车储存间推出蛋车放在合理位置—上蛋—已上好蛋的蛋盘按顺序放入蛋车中。蛋车贴好记录标签，推入蛋库保存。

（三）种蛋储存

（1）好的蛋车放入蛋库中，等待熏蒸入孵。

（2）蛋库温度和湿度。储存时间 1~7 d 者，蛋库温度 16~18 ℃，湿度 65%~75%；储存时间 8~12 d 者，蛋库温度 14~16 ℃，湿度 65%~75%；储存时间 13 d 以上者，蛋库温度 12~14 ℃，湿度 70%~80%。

（3）翻蛋次数。

父母代种蛋。储存时间 1~7 d 时，每 6 h 翻蛋 1 次；储存时间 8 d 及以上，每 4 h 翻蛋 1 次。父母代种蛋上蛋后 12 h 及入孵前 12 h 不翻蛋。

商品代种蛋。储存期间，除上蛋后 12 h 及入孵前 12 h 不翻蛋外，其他时间每 6 h 翻蛋 1 次。

（四）种蛋预温

（1）将蛋库中保存 7 d 以上的种蛋推入预温设备。

（2）开机选择程序，等温度达到设定值 4 h 后开始降温。

（3）预温设备温度和蛋库温度一致时，将种蛋推回蛋库，至少保存 48 h，等待入孵，一般存入 72 h 入孵较好。

（五）种蛋消毒

（1）种蛋消毒采用甲醛两倍量电加热熏蒸法，即 28 mL/m³。

（2）熏蒸前需观察种蛋，若出现出汗现象，则应将种蛋晾干后再进行熏蒸。

（3）将装有种蛋的蛋车推入种蛋熏蒸间，同时打开吊扇，将甲醛倒入 2 个电热锅中（每锅 1 400 mL），然后将两边的门密封起来，保证熏蒸间的密闭性，同时避免甲醛泄漏。

（4）打开电热锅并将加热时间设定为 22 min，观察电热锅运行指示灯是否正常。

（5）巡视熏蒸间两侧门，确保各处封闭完好无甲醛泄漏，设定提示闹钟以准确提醒排风时间。

（6）熏蒸结束后（提示闹钟铃响），打开熏蒸间排风风机和熏蒸间前侧门与孵化二厅入口门，并检查排风风机是否运行正常，确保熏蒸间通风顺畅。

（7）填写《种蛋熏蒸记录表》，包括熏蒸排风时间和操作人等。

（8）待种蛋入孵完成后，关闭排风风机和两侧门。

（9）有异常情况及时填写并上报。

五、种蛋孵化

（一）种蛋入孵

种蛋入孵前须经预热阶段，预热时间与种蛋存放时间和环境温度有关。1周以内的种蛋，夏季预热 4~6 h，冬季预热 6~8 h；1周以上的种蛋，每延长1 d，预热时间增加 1 h，延长 12 d 后，预热时间不再增加。

（1）根据入孵前机器记录，认真检查孵化器，确保孵化器一切正常。

（2）将熏蒸完毕的种蛋车推入孵化器，检查种蛋车放置是否水平。

（3）入孵完成后，关闭机门，设置入孵时间，选择运行程序。

（二）照蛋落盘

（1）对照蛋间、照蛋工作台及其器具进行消毒。

（2）准备好照蛋器、工作台、蛋托、毛巾等器具。

（3）从孵化器中拉出种蛋，2 人 1 组，1 人先负责从蛋车上拿出整个蛋盘放入照蛋器，2 人共同剔除无精蛋和死胎蛋，将盘子翻转放入出雏盘，另 1 人负责将其放入出雏车。若采用全自动照蛋器，则只需 1 人，将出雏盘放入出雏车。

（4）落盘期间，值班人员需称蛋重，测失水率。

（5）落完盘的种蛋推入出雏器等待出雏。

（6）雏鸡出雏前，出雏器需进行带蛋熏蒸消毒；出雏阶段需进行 1~2 次带鸡熏蒸消毒。

（7）剔除的无精蛋及死胎蛋由专人负责分开，放入副产品室。

（8）落完盘的蛋车、蛋盘推入清洗间进行清洗消毒。

（三）出雏

1. 消毒

对工作环境、器具等进行消毒。

2. 交接

与值班人员进行工作交接，开始拉车。

3. 拣雏鸡

通过雏鸡羽色（或快慢羽或翻肛）鉴别公母，并分别放入公雏和母雏流水线。

六、雏鸡处置

（一）雏鸡分拣

（1）选出健康母雏放入免疫流水线。

（2）挑出残鸡、弱鸡另装盘。

（3）对残、弱鸡分别计数、统计。

（二）雏鸡公母鉴别

（1）将出雏盘放入流水线。

（2）根据羽色（或快慢羽或翻肛）鉴别标准，对雏鸡公母进行人工鉴别。

（3）鉴别后的健康母雏进入免疫流程。

（三）雏鸡的免疫、断喙

（1）对工作环境、器具等进行消毒。

（2）设备就位及安装。

（3）设定操作程序，配置疫苗。

（4）注射疫苗：在雏鸡颈部下三分之一处皮下注射鸡马立克和法氏囊疫苗，要注意注射剂量、出血及漏注情况。

（5）自动断喙：根据种蛋周龄和雏鸡体重及均匀度，确定断喙的光照强度。

（6）装筐：自动计数后装筐。

（7）根据客户要求，提供鸡新城疫-传染性支气管炎二联苗、鸡支原体苗免疫服务。

（四）雏鸡储存规定

（1）将免疫、断喙后的雏鸡推入存苗间。

（2）保持存苗间的温度在 25~28 ℃（夏季取下限，冬季取上限），湿度在55%~65%（夏季取上限，冬季取下限）。

（3）关闭存苗间的门，保持通风良好。

（五）雏鸡发运规定

（1）对人员手臂和车辆分别进行消毒。

（2）根据雏鸡发运单装鸡并核对数量。

（3）核对数量后双方签字确认，装车发运。

七、副产品处置

（一）公雏处置

（1）将鉴别后的公雏存入公雏间。

（2）清点数量、核对数字、填写出库单。

（3）通知拉运人员装车发运。

（二）弱雏、病雏及死雏处置

（1）鉴别过程中对弱雏、病雏、死雏等单独放置。

（2）清点数量、核对数据，登记。

（3）通知装运人员装车发运，作无害化处理。

（三）毛蛋处置

（1）将毛蛋人工捡出装入蛋托。

（2）放入副产品室，统计数据、填写出库单。

（3）通知装运人员装车发运。

（4）清洗消毒毛蛋室。

（四）无精蛋、死胎蛋的处置

（1）照蛋结束后，将无精蛋和死胎蛋分区域放入副产品室。

（2）清点数量、核对数字、填写出库单。

（3）通知装运人员装车发运。

（4）清洗消毒该区域及相关工具。

（五）不合格蛋的处置

（1）上蛋结束后，对不合格蛋装盘统一捆绑存放。

（2）清点数量，核对数字。

（3）移交销售蛋库，核对数量，开入库单。

八、垃圾处置

（一）破损种蛋处置

（1）破损种蛋放入蛋盘，倒入固定堆放垃圾的位置。

（2）定期对垃圾场进行清理并作无害化处理。

（二）蛋壳绒毛处置

（1）清扫蛋壳、绒毛并装入固定垃圾桶，运出车间。

（2）倒入固定垃圾场。

（3）定期或每天对垃圾场进行清理并作无害化处理。

（三）医疗废弃物处置

疫苗安瓿瓶、疫苗稀释液瓶、注射用针头等医疗废弃物须集中收集，交由专业医疗废弃物处置机构统一回收，进行无害化处理。

（四）其他垃圾处理

（1）将生产过程中产生的垃圾统一堆放。

（2）定期对垃圾进行清理消毒并作无害化处理。

九、消毒

（一）生产车间消毒

1. 种蛋间消毒规定

（1）工作前先将其工作区域进行喷雾消毒。

（2）工作结束后，用扫把及干抹布对地面及墙壁上的碎蛋壳、蛋清等垃圾进行清扫，将垃圾集中堆积后统一铲入垃圾桶或簸箕，最后将垃圾倾倒至车间外指定位置。

（3）清扫干净后，用高压水枪冲洗地面、墙壁，注意冲洗过程中避开配电柜、插座、电线、气管等带电或易损物，同时注意节约用水。

（4）地面冲洗干净后，用拖把将积水拖干，保证车间内无积水。

（5）清理下水槽中的沉积物，避免沉积物落入下水道内造成堵塞。

（6）用抹布将墙壁、玻璃、部分设备表面等处的积水擦拭干净，避免车间过于潮湿导致设备老化。

（7）确保车间门窗关闭后，用消毒液对所属区域进行喷雾消毒，注意定期更换消毒液。

（8）工作结束后，将所用工具及时清洁并回收放于指定位置。

2. 孵化器消毒规定

（1）入孵前对孵化器用卫可等喷雾消毒。

（2）落盘后对孵化器先清扫后清洗消毒。

（3）孵化器烘干后用安灭杀等喷雾消毒。

3. 照蛋落盘室的消毒规定

（1）照蛋前对落盘室及其工作台、器具进行喷雾消毒。

（2）照蛋后的蛋车应直接推入孵化蛋车清洗间消毒。

（3）照蛋后的入孵蛋盘整齐码放在平板车上，推入蛋盘清洗间清洗消毒。

（4）照蛋工作台、照蛋器、照蛋铲等，用消毒毛巾擦拭消毒，摆放整齐，对照蛋间地面环境进行清洁消毒。

4. 鸡苗处理间消毒规定

（1）出雏后清洗前要先将出雏副产品入库，同时对蛋壳集中处理。

（2）用笤帚扫净厅内脏物，确保厅内无蛋壳、绒毛、鸡粪。

（3）用水枪冲洗出雏厅墙壁、地面、水沟、绒毛室冲洗所有残留污物。

（4）清洗干净后，用喷雾器装消毒水对墙壁进行喷雾消毒。

（5）每周用2%氢氧化钠水溶液拖地，消毒地面、水沟。

5. 蛋壳粉碎间消毒规定

（1）清理、清扫地面的蛋壳和绒毛。

（2）蛋壳和绒毛集中装入垃圾桶，放置在规定位置。

（3）用水枪冲洗地面和墙壁，待水干后，用安灭杀消毒。

6. 工作服消毒规定

（1）每天前、后工序换下的工作服须分开堆放回收并由专人清洗，严禁员工将其私自带离车间自行清洗。

（2）工作服清洗程序为先用消毒液浸泡，后清洗、晾晒。

（3）工作服要认真消毒浸泡、清洗、漂洗、清除污渍，禁止敷衍了事或漏消毒、漏洗或前后工序工作服混洗。

（4）每天将洗净消毒过的工作服（衣裤）叠好按标识号放入内更衣室对应号码的更衣柜内，公用或专用工作服放入衣柜。

7. 发运盘消毒

（1）发运盘返场后进行集中卸车，整齐摆放在清洗间平台。

（2）将其筐中垫纸取出统一放入垃圾桶中。

（3）发运筐直接放入清洗机用烧碱水浸泡、清洗、消毒后统一放入晾干间。

（4）晾干后推入熏蒸间，用2倍量甲醛加热熏蒸，即 28 mL/m³。

（二）生产车间外消毒

1. 生产区道路消毒

（1）生产结束后，每天固定人员，对所在区域的通道进行喷雾消毒。

（2）定期更换消毒药。

（3）填写消毒记录。

2. 生产区门房消毒

（1）早晨与下午由门卫负责对相应区域进行喷雾消毒。

（2）消毒结束后，填写消毒记录。

（三）消毒效果

（1）由生产区负责人对车间区域进行划分。

（2）由研发中心人员将其监测设备做好标签。

（3）将做好标签的设备送孵化质检人员。

（4）质检人员按标签对孵化厅采样。

（5）采样标本送研发中心进行检测。

（6）研发中心将监测结果统计后发送孵化厅。

（7）孵化厅根据监测结果有针对性地采取相应措施。

（四）消毒登记

车间人员每次消毒结束后，要填写消毒记录表，以便查询。

十、防鼠、防鸟与防昆虫

（一）防鼠

（1）车间外围设置鼠药投放点，并定期检查。

（2）车间内物品摆放齐整，尤其如纸蛋托、编织袋、设备层等容易藏匿鼠类的地方。

（3）在下水道、门缝等与外界相通的地方安装隔离网，防止外界老鼠或其他动物进入车间。员工下班后将所属区域门窗关闭，班组长进行及时巡视检查。

（4）若车间内出现老鼠，则应在老鼠出没路径设置粘鼠板。

（5）及时清理破损种蛋、弱雏死雏等。

（二）防鸟

（1）定期清理鸟窝。

（2）厂区内避免种植过高过大植物和其他谷类植物，定期修整绿化植被。

（三）防昆虫

（1）关闭门窗。

（2）清理蛋清、死雏等污染物。

（3）定期清理下水槽、下水道。

（4）在与外界相通的门上安装门帘或强风出口。

（5）车间内安装除蝇灯。

（6）车间内餐厅及时清洗废弃食物残渣。

第四节　生活区要求

一、人员进出生活区

（一）人员进入生活区

人员进入生活区时，走人员上班消毒专用通道。

（二）人员离开生活区

人员出生活区时，走人员下班消毒专用通道。

二、物品进出生活区

（一）物品进入生活区

（1）物品进入生活区须经大门消毒通道。

（2）进入生活区后须根据物品类型停放在规定区域。

（3）将物品卸车放入指定仓库。

（二）物品离开生产区

（1）物品须经检查后方可离开。

（2）物品向大门口运出时需单向行走。

三、车辆进出生活区

（一）车辆进入生活区

（1）车辆在场区内只能单向行驶，车辆在场区门口应先经过整体消毒，经允许再驶入场区。

（2）进入后停靠在规定区域。

（3）消毒液应每周更换(添加) 1次，也可根据实际情况定期更换消毒药。

（二）车辆驶出生活区

车辆走单向通道，驶向大门后离开。

四、垃圾清理

垃圾清理应注意以下事项。

（1）垃圾统一堆放在规定区域。

（2）由专人负责进行统一处理。

（3）处理干净后用安灭杀等消毒。

五、消毒

（一）宿舍消毒

清洁工清扫完卫生后，用喷雾器每天喷雾消毒1次。

（二）院落消毒

（1）场区内的卫生打扫、消毒，实行划片管理，由各班组负责，领导监督，要做到场区无垃圾堆积、无污染物、无污水、无杂草，水道畅通，餐厅、宿舍干净整洁。

（2）场区每周（或非出雏日）进行1次全面大扫除（按各班组的卫生责任区负责扫除），每周进行1次场区环境喷雾消毒。

（3）在周边发生疫情时或因防疫需要，须按照场部部署，加强防疫消毒，必要时实行全场短期封闭。

（4）要按卫生要求，禁止乱扔烟头、果壳、酒瓶，随意抛弃垃圾，随地吐痰等，对违反且不听劝阻者由场部视情节给予违纪处罚（批评、通报、罚款）。

（三）厕所消毒

（1）清洁工先用拖把、除垢剂等将地面及其便坑清洗干净。

（2）清洁工将垃圾桶中的纸垃圾等集中装袋，统一堆放在规定区域。

（3）清洁完成后，用消毒药进行喷雾消毒。

（四）餐厅、厨房消毒

（1）每天用拖把、毛巾等用品对餐厅地面、厨房地面、餐桌进行擦洗。

（2）清洗后的餐具放入消毒柜中进行15 min的消毒处理。

（3）厨房中的物品应摆放整齐。

（4）每周进行1次喷雾消毒。

第五节　办公区要求

一、人员进出办公区

（一）人员进入办公区

（1）人员进入办公区时须先双脚踩踏消毒盘对脚进行消毒。

（2）经过过道时双手放在酒精喷雾器上进行酒精消毒。

（二）人员离开办公区

（1）整理办公区域卫生，将桌椅摆放整齐。

（2）关闭办公区域的电源，锁好门窗。

（3）双脚踩踏消毒盘对脚进行消毒后离开。

二、物品进出办公区

（一）物品进入办公区

（1）从库房领取的物品确保无污染，且领取后禁止返回。

（2）物品进入办公区要进行登记，填写登记信息。

（二）物品撤出办公区

（1）撤出的物品要进行登记记录。

（2）将撤出物品进行消毒。

（3）撤出物品进行入库或做垃圾处理。

三、车辆进出办公区

（一）车辆进入办公区

（1）车辆在门卫室进行登记。

（2）车辆在通过大门时进行喷雾消毒。

（3）走单向专用通道，停靠在规定区域。

（二）车辆驶离办公区

（1）车辆须走单向驶出通道。

（2）通过门卫大门喷雾消毒后离开。

四、消毒

（一）室内消毒

（1）清洁工每天用拖把将室内地面清洁干净。

（2）清洁工每天在人员上班前和下班后统一进行喷雾消毒。

（二）室外消毒

（1）室外由门卫每天清扫1次。

（2）清扫结束后负责将相应区域进行消毒。

（三）垃圾清理消毒

（1）将垃圾堆放在规定的垃圾堆放区域。

（2）根据情况，尽快将垃圾运出场区做无害化处理。

（3）每天在垃圾清理结束后对相应区域进行喷雾消毒。

第六节　缓冲区要求

一、人员进出缓冲区

（一）人员进入缓冲区

（1）场外人员进入缓冲区须经过专用消毒通道消毒后进入，并进行登记。

（2）进入缓冲区的人员须走单向通道，禁止原路返回。

（3）进入缓冲区的人员未经允许禁止进入其他区域。

（二）人员离开缓冲区

（1）离开缓冲区的人员须走单向通道。

（2）离开缓冲区的人员须经过专用消毒通道消毒后离开，并进行登记。

二、物品进出缓冲区

（一）物品进入缓冲区

（1）物品由场区外进入缓冲区，须经过专用消毒通道消毒，并进行登记。

（2）物品进入缓冲区后要单向行驶，在规定区域卸货。

（二）物品离开缓冲区

（1）物品离开缓冲区须在规定区域装货。

（2）物品离开缓冲区须单向行驶，经过专用消毒通道消毒后离开，并进行登记。

三、车辆进出缓冲区

（一）车辆进入缓冲区

（1）由场区外进入缓冲区的车辆，须经过专用消毒通道消毒后进入，并进行登记。

（2）进入缓冲区的车辆要按规定单向行驶。

（二）车辆驶离缓冲区

（1）驶离缓冲区的车辆在缓冲区要按规定单向行驶。

（2）驶离缓冲区的车辆，须经过专用消毒通道消毒后离开，并进行登记。

四、缓冲区消毒

（一）缓冲区门房消毒

早晨与下午由门卫负责对相关区域进行喷雾消毒。

（二）缓冲区道路消毒

每天由固定人员对缓冲区的通道进行喷雾消毒。

（三）缓冲区附属设施区消毒

由专门人员定期对附属设施区进行喷雾消毒。

（四）消毒登记

消毒结束后，要填写消毒登记记录表。

（五）环境监测

由公司研发中心人员每月对缓冲区环境进行采样监测 1 次。

五、防鼠、防鸟与防昆虫

（一）防鼠

（1）设置鼠药投放点，并定期检查。

（2）在老鼠出没多的地方设置粘鼠板。

（二）防鸟

（1）定期清理鸟窝。

（2）避免种植过高过大植物和其他谷类植物，定期修整绿化植被。

（三）防昆虫

（1）关闭门窗。

（2）及时清除积水、垃圾等。

第七节　监督检查

一、监督检查主体

监督检查主体包括班组长、车间质检人员、车间负责人和公司研发中心人员。

二、监督检查对象

监督检查的对象有以下几项。

（1）生活区过道、更衣间、洗手间、餐厅、环控室等。

（2）前工序过道、办公室、上蛋间、清洗间、蛋库、孵化机、照蛋间、种蛋卸车入口、下水道等。

（3）后工序过道、办公室、捡鸡间、鉴别间、注射间、存苗间、风袋、墙壁、公雏间、蛋壳房、出雏厅、各区间的下水道等。

三、监督检查程序

监督检查的程序有以下几项。

（1）班组长每天对本班组进行检查。

（2）车间质检人员对车间进行不定期不定时抽查，但每周至少检查 1 次。

（3）车间负责人对车间进行不定期抽查。

（4）公司研发中心人员每月对车间进行 1 次采样监测。

四、监督检查记录

检查后，相关检查人员应认真填写检查或采样记录。

（1）班组长每天检查后，要填写检查记录，并向班组人员通报。

（2）车间质检人员抽查后，要填写抽查记录，并将抽查情况及时向各班组反馈。

（3）车间负责人抽查后，要填写抽查记录，向各班组及时反馈抽查情况，并提出整改要求。

（4）公司研发中心人员采样监测后，要填写采样记录，出具监测报告，反馈监测结果。

第三章　饲料厂建设和环境控制

第一节　选址与布局要求

一、选址要求

饲养厂选址应符合国家和当地农业产业发展规划和农业产业政策，符合国家和当地饲料工业发展规划和产业政策，符合国家和当地生态环境保护规划和生态环境保护政策要求，符合当地土地利用规划和土地利用政策。厂址应交通便利、网络畅通、水电供应可靠、水质符合饮用水标准，地势高、向阳背风、通风良好、便于排水、利于排污、隔离条件好，尽可能靠近饲料原料（玉米、豆粕等）产地，远离湖泊湿地、饮用水源保护区、风景名胜区和自然保护区，远离城乡居民区、文化教育科学研究区等人口集中区域，远离化工厂、生物发酵厂、粉尘较大的厂矿区等。饲料厂距离生活饮用水源地、家禽屠宰加工场所、家禽和家禽产品集贸市场、家禽饲养场、家禽孵化场、动物诊疗场所及化工厂、生物发酵厂、粉尘较大的厂矿区等 3 000 m 以上，距离家禽隔离场所、无害化处理场所、垃圾和污水处理场所 3 000 m 以上，距离城乡居民区、文化教育科学研究区等人口集中区域及公路、铁路等主要交通干线 1 000 m 以上。应位于城乡居民区、文化教育科学研究区等人口集中区域的下风向或侧风向处。

二、布局要求

整个饲料厂厂区周围须有围墙等物理屏障与外界隔离。厂区出入口须设置车辆专用通道、地磅、喷淋消毒通道。喷淋消毒通道宽 5 m、长 1 m、高 4 m，在地面和两侧设置喷淋消毒装置。厂区出入口门房设人员专用通道，通道内设置喷雾消毒装置、淋浴室及更衣室。生产区与生活办公区、采样候检区分开，并有隔离设施。生活办公区出入口设置消毒池或消毒垫。生产区生产车间出入口须设置消毒池或消毒垫。生产区须设置车辆专用通道、人员专用通道和废弃物运出道路，且禁止相互交叉。生产区道路路面材料可选择柏油、混凝土、砖、石等，路面宽度 6~8 m，双向，中间由隔离栅栏隔离，路面两侧留有绿化带位置。应按主导风向安排生活办公区、生产区、废弃物和污水处理区的先后顺序，具体为：生活办公区—生产区—废弃物、污水处理区。污水沉淀池和废弃物等无害化处理区设在饲料厂下风向处。

第二节　设施与设备

一、设施

（1）饲料厂主车间与清理车间采用半密闭建筑，屋顶及墙壁采用保温隔热材料密封，须牢固、保温、防雨雪、防鼠害、防鸟；原料库采用屋顶保温，四周及屋顶设通风窗及通风球，大门设防鼠板及防鸟网。

（2）厂区车辆出入口设置喷淋消毒装置。

（3）厂区人员入口设置消毒通道、洗澡间、更衣消毒间、洗衣间。

（4）厂区设置原料输入和成品输出专用通道。

（5）厂区设置专用地磅房。

（6）厂区车辆入口处外侧设置采样候检区。

（7）厂区内应设置功能完善的专用化验检测区，配备留样室、近红外室、天平室、消化室。

（8）厂区内设置专用药品库，且实行双人双锁管理制度。

（9）厂区内须建有能避风遮雨的卸货收料设施，保证风雨天正常卸货收料。

（10）厂区配置设备易损件库房，防止发生设备零部件损坏导致的停产。

（11）厂区设置维修专用车间，且需要与生产区有物理隔离。

二、设备

（一）地磅

地磅符合国家质量技术监督局的相关规定及要求，采用 METTLER TOLEDO 100 t、18 m、误差为 50/0000 的地磅。

（二）卸料棚

玉米及豆粕卸料口采用最新的载重下料网格板设计，两侧采用立式脉冲除尘系统。

（三）物料初清筛

物料初清筛，采用双滚筒式设计，能够清除原料中的大杂、小杂、铁屑等杂质。

（四）TAS 组合筛

采用风选+振动分级的方式，风选能剔除原料中较轻的杂质，如玉米须等；振动选可以剔除原料中半粒、破粒玉米。

（五）色选机

采用食品原料筛选工艺的色选机，有效保证玉米的颜色均匀、剔除玉米中 50%~60% 的霉变颗粒，充分保证饲料的品质。

（1）整机设计，具有人性化、简单化、智能化特点，操作简单。

（2）布勒定制高精度专业相机，可识别极微小瑕疵。

（3）具备一次色选，二次色选，满足不同精度需求。

（4）LED 光源，可精准识别各种极微小斑点、病斑、腹白等瑕疵，保证玉米的颜色一致、有效剔除霉变颗粒。

（5）采用 7 通道，大产量，单通道产量每小时可达到 2 t 以上。

（六）刮板机

采用自清式链条刮板机，有效减少物料残留。

（七）提升机

采用畚斗式提升机，混合后采用自清式提升机，确保机尾处不产生积料，以避免发霉、变质。

（八）筒仓系统

1. 玉米筒仓

采用传统的利浦仓设计（4×1 500 t），配备控温通风监控系统，保证玉米的储存环境安全。

2. 豆粕筒仓

采用传统的利浦仓设计（3×200 t），配备布勒最新的破拱四联绞龙，防止出料口结拱影响正常生产。

（九）粉碎机

采用一备一用的方式保证生产的连续性。

1. 对辊机（主机）

采用最先进的对辊磨皮技术。

（1）采用双层辊形式，满足 700~1 200 μm 的粒径需要。

（2）出成品率达到 70% 以上。

（3）玉米成品外观及适口性大大增加，提高饲料成品的经济性、外观性。

2. 水滴式锤片粉碎机（备用机）

采用布勒新式变频蛋鸡料专用粉碎机。该机能根据粒径的需要，通过调节转子的转速达到最佳粒度，也可以通过更换筛片的规格获得不同粒度。

（十）料仓

（1）所有料仓均采用装配式钢板仓新式料仓，直体部分采用 -3/Q235 板制作；锥体部分采用 -4/Q235 板制作；仓体内部连接缝均采用淌料板设计，保证无死角、无积料；设置上下料位。

（2）成品仓设置防分级溜管，保证成品料的均匀性。

（十一）出仓机

采用管绞龙形式，特殊防风设计，配备变频器，保证配料的精度。

（十二）配料秤

采用不锈钢材料制作，配置高精度传感器，配料精度为：动态 50/00，静态 30/00。

（十三）混合机

（1）每批为 2 000 kg。

（2）磨损桨叶可简单快速重新调整和更换，分体式主轴密封更换，方便快捷。

（3）混合时间 30~120 s，变异系数 CV≤7%。

（十四）调质器

通过调质有效的灭菌、熟化，相比无熟化的传统工艺大大增加了饲料的消化吸收及利用率。

（1）配备多点进汽，可使调质温度达到 85~95 ℃。

（2）物料调质时间 90~120 s，要充分保证饲料的熟化及灭菌作用。

（十五）冷却器

采用粉料专用双层逆流式冷却器。

（1）依靠重力自流，避免了交叉污染，清洁卫生，快速方便，内部无死角、无残留，充分保证饲料成品无交叉污染。

（2）程序控制气流的流量、温度、干燥时间，使熟化后的热粉料充分冷却，达到理想的温度及湿度，保证饲料成品品质。

（十六）成品散装

采用 24 个仓，三车道的组合模式，保证成品的质量及安全。

（1）24 个成品仓能有效防止不同品种的饲料交叉污染。

（2）采用最新型的防分级溜管仓，能有效保证饲料成品的均匀度。

（3）采用三车道模式（1 祖代+2 商品代），能保证成品的发货效率。

（十七）通风除尘系统

（1）所有设备均采用单点除尘系统，将过滤后的空气出口均引至室外，粉尘浓度较高的设备（提升机）均配备泄爆口且引至室外。

（2）所有设备均为负压状态，确保粉尘不会泄漏在室内，确保人员及设备的安全性。

（十八）控制系统

车间内所有设备均通过中控员的控制指令，由自动控制系统来控制机器的运转启停。

（十九）二次回料仓

整个工艺为应对特殊突发状况发生，配备二次回料仓。

（二十）备用电源

（1）整个工艺为应对特殊突发状况发生，配备备用发电系统。

（2）中控室控制电脑，配备应急 UPS 电源。

第三节　采样候检区要求

一、人员进出采样候检区

人员进出采样候检区应注意以下事项。

（1）除原料运输车司乘人员、采样人员及有关工作人员外，其他人员禁止进入采样候检区。

（2）司乘人员进入采样候检区后，只能在规定的区域内活动。

（3）原料采样后，司乘人员应及时离开采样候检区。

二、车辆进出采样候检区

车辆进出采样候检区应注意以下事项。

（1）除原料运输车外，其他车辆禁止进入采样候检区。

（2）原料运输车进入采样候检区后，按进入的先后顺序排队采样。

（3）原料运输车采样后，应及时驶离采样候检区。

三、物品进出采样候检区

除饲料原料可进出采样候检区外，其他物品禁止进入采样候检区。

四、采样候检区消毒

采样候检区消毒应注意以下事项。

（1）每天早晨和下午由门卫负责对该区域进行卫生清洁和喷雾消毒。

（2）每天由专人对采样通道进行 1 次喷雾消毒。

（3）每天由专人对采样候检区附属设施进行 1 次喷雾消毒。

（4）消毒登记：消毒结束后，要填写消毒登记表。

五、采样候检区防鼠、防鸟、防昆虫

（一）防鼠

（1）对老鼠洞和窝点每月进行 1 次堵漏和清理，采样候检区周围设置鼠药投放点，并定期检查。

（2）采样室物品摆放要齐整，定期进行清理消毒，特别是原料杂质、原料样品存放地等容易藏匿鼠类的地方。

（3）在采样化验室与外界相通的门缝和门窗通风口，均须安装防鼠板，防止外界老鼠或其他动物进入。员工下班后将所属区域门窗关闭，现场主管下班前进行及时巡视检查。

（4）采样候检区内若出现老鼠，应在老鼠出没路径设置粘鼠板，布放捕鼠工具，并由专人负责清理和布放。

（二）防鸟

（1）对采样候检区和周边鸟雀适宜筑巢和栖息及有食物来源的地方，定期进行清理。

（2）为相关人员配发驱鸟工具，进行人工防鸟和驱鸟。

（三）防昆虫

每年夏季开始定期在厕所和垃圾堆放区域喷洒灭蚊蝇药物。

第四节 生产区要求

一、人员进出生产区

（一）人员进入生产区

（1）人员进入生产区大门时，禁止携带任何活禽、生禽肉、禽蛋和宠物，及其他危险物品。

（2）从事禽类养殖、屠宰、贩运、销售的人员谢绝进入。

（3）必须通过门房的人员专用消毒通道，经过踩踏消毒盘消毒和喷雾消毒后进入外更衣室。

（4）在外更衣室，脱掉内外衣裤、鞋袜，放入对应个人编号的更衣柜内锁好，穿拖鞋后进入淋浴间。

（5）在淋浴间沐浴 10~15 min。

（6）洗澡结束后进入内更衣室，从对应个人编号的更衣柜中取出工作服、鞋袜、帽子、口罩，并穿戴整齐后进入生产区。

（7）不同岗位和班组人员按照规定路线进入工作区域。

（二）人员离开生产区

（1）人员出车间时在内更衣室脱下本人的工作服、鞋袜、口罩、帽子，放入个人编号的衣柜内锁好，进入外更衣室。

（2）在外更衣室，取出本人的衣服、鞋袜等，穿好后直接进入大门侧面的人员专用消毒通道。

（3）通过大门侧面的人员专用消毒通道消毒后离开。

（4）离开消毒通道时，禁止携带厂区内的任何物品。

二、物品进出生产区

（一）物品进入生产区

（1）物品进入生产区前须先登记，在通过大门前整体消毒，经允许后进入生产区。

（2）进入生产区后，在规定位置摆放整齐。

（二）物品出生产区

（1）物品须经过检查，并持有相关人员签字的票据方可运出生产区。

（2）所有运出生产区的物品均须按照生产区规定的路线运输并由生产区大门专用通道运出。

三、车辆进出生产区

（一）原料运输车进入生产区

（1）车辆在厂区门口，司乘人员先到门卫室登记，并领取出门登记卡，再经人员消毒通道消毒。

（2）车辆在磅房窗口录入车牌号并过磅，再经车辆消毒通道消毒后进入生产区。

（3）原料车进入厂区后，须按照规定和标示路线行驶至卸料区卸料和停放，不得驶入其他区域。

（二）成品运输车辆进入

（1）车辆在厂区门口，司乘人员先到门卫室登记，后经人员消毒通道消毒。

（2）车辆在磅房窗口录入车牌号并过磅，再经车辆消毒通道消毒后进入生产区。

（3）成品车进入厂区后，须按照规定和标示的路线行驶到成品发货区装料和停放，不得驶入其他区域。

（三）物资运输车进入

（1）车辆在厂区门口，司乘人员先到门卫室登记并领取出门登记卡，经人员消毒专用通道消毒。

（2）车辆经过车辆专用消毒通道消毒后进入生产区。

（3）物资车进入厂区后，须按照库管和相关人员指引在规定区域卸货和停留。

（四）原料运输车驶离

（1）车辆在卸料区卸料后进行清理，由库管检查确认后填写出门登记卡并签字。

（2）车辆须按标识和规定路线驶向大门，经过磅签字确认后，向门房递交出门登记卡，门卫检查确认后放行离开。

（五）成品运输车驶离

（1）发料人员检查车辆装料口锁闭情况后开锁，并根据发货出库单将成品料装车，装完后发料人员将车辆装料口上锁，双方确认并签字。

（2）车辆须按标示和规定路线驶向大门，经过磅签字确认和门卫检查确认后放行离开。

（六）物资运输车驶离

由库管员清点数量，接收入库，开具物资入库单，经双方核对数量并签字后，库管填写出门登记卡并签字，车辆按标识和规定路线驶向大门，向门卫递交出门登记卡，门卫检查确认后放行离开。

四、原料收储、领用

（一）原料验收标准控制

1. 玉米

（1）玉米验收标准要符合种鸡生产要求，严格控制收购水分、杂质、霉变等，不得超过收购标准。

（2）含有生物安全危害和风险的杂质，如鼠粪、羊粪、鸟粪等杂物的玉米拒收。

2. 豆粕

卸货前进行常规的采样和检测验收，脲酶、蛋白含量，水分、微生物指标等合格后方可收料。

3. 石粉、石粒

先经过初检符合生物安全收料标准，如包装袋无破损无污染等，后采样送检，经化验室检测化验，符合国家标准和企业标准，确定合格，方可收料。

4. 其他原料

先经过初检符合生物安全收料标准，如包装袋无破损无污染等，后采样送检，经化验室检测化验，符合国家标准和企业标准，确定合格，方可收料。

（二）原料验收流程

1. 玉米

（1）初检：玉米车辆在厂区门口进行采样和感官检测。感官检测发现有不符合生物安全的杂质直接退货；感官合格的玉米送样到检测室，检测合格后车辆消毒进厂卸货，不合格玉米车辆不得进入厂区。

（2）卸检：初检合格的玉米，消毒进场后卸货。整个卸货过程要全程监控，发现有不符合收购标准的，由现场品管人员确认后直接退货，未发现问题的对原料进行二次采样，送化验室复检，复检合格的收购，确保玉米收购的安全性。

（3）清理入仓：检验合格的玉米，收购后经过永磁筒—初清筛—TAS筛—色选机清理，除铁、除杂、除尘、除霉变粒后入玉米筒仓储存备用。

2. 豆粕

（1）初检：到货后现场进行包装和车辆生物安全检查，运输车辆和包装有生物污染和不符合生物安全标准的直接退货，检查合格的采样进行理化指标检测。

（2）卸检：初检合格的，车辆消毒进厂卸货，卸货过程全程监控，发现不合格情况经品管确认后作退货处理。

（3）清理入仓：拆袋卸料到投料口，经过永磁筒—清理筛清理，除铁、除杂后入豆粕筒仓备用。

3. 石粉、石粒

（1）初检：到货后现场进行包装和车辆生物安全检查，运输车辆和包装有生物污染和不符合生物安全标准的直接退货；包装袋上没有标注公司指定专用标识的直接退货。

（2）卸检：检查合格的采样进行化验室检测，符合标准的，消毒进厂卸货。卸货过程全程监控，发现有不合格情况，经品管确认后做退货处理。

（3）卸车时对包装袋进行喷雾消毒处理，后入库储存备用。

4. 其他原料

到货后对包装和车辆进行检查，车辆和包装有生物污染和不符合运输生物安全的拒收，不得入厂；符合的进行彻底消毒后进厂卸货，卸货过程中发现不符合要求的直接退货。

货物量不足 500 kg 的，由车间库管到门口对货物消毒后运到车间入库，减少外来车辆进入厂区。

（三）原料储存

（1）玉米、豆粕要做好通风降温防潮工作，同时做好防鸟、防鼠、防昆虫等生物安全工作。

（2）维生素等热敏性原料要有密闭的冷藏库保存，确保冷库卫生整洁，符合规定，由库管每天对温、湿度进行检查和记录。

（3）其他原料，要依据生物安全要求划垛位分区域储存，便于领用，防止交叉污染，确保物料的安全储存。

（4）对所有原料按库存单位，进行月度盘点和数量检核。

（5）采样检测按月度采样送检测部门检测常规指标和微生物及霉菌毒素指标，确保原料的安全性。

（四）原料领用

（1）按中控人员指令和库管要求领料。

（2）所有原料领用遵循"先进先出"的原则。

（3）发现不合格的原料和不符合生物安全的物料不得领用，通知库管和主管做退换货或报废处理。

五、生产加工

(一)原料投放

(1)按照中控指令按秩序依次投料。

(2)两种物料交替时,须清扫和清理完前面物料后方可通知中控开机投放下一种物料。

(3)投料过程中发现不合格的物料和不符合生物安全的物料,立即通知中控停机,并将不合格物料清理打包,通知库管和主管处理,必要时对上料口和上料区进行消毒处理,之后方可继续投料作业。

(二)原料粉碎

(1)粉碎粒径按照不同阶段的饲料进行调整。

(2)开机前检查粉碎机和筛网是否完好和孔径与生产料号相符。

(3)定期对粉碎效果进行分级筛筛分评估。

(4)定期清理除尘器。

(5)定期对粉碎机室进行清理和消毒。

(三)饲料配料

(1)定期清理配料仓体、配料绞轮和配料秤。

(2)预混料添加时不得将不合格预混料和杂物投入混合机。

(3)定期校验配料秤和预混料检核秤精准度。

(4)保持预混料投料口干净无污染。

(5)配料前核对配方和料号。

(6)配料结束后做好生产记录。

(四)饲料混合

(1)混合机和缓冲斗要定期清理,不得有积料,防止结块、发霉、变质。

(2)定期检测混合均匀度,确保饲料均匀。

(五)饲料调制冷却

每班生产结束后,对调制器和冷却器进行清理,确保无积料,防止高温高湿导致饲料发霉、变质。

（六）饲料二次混合

（1）混合机和缓冲斗要定期清理，不得有积料，防止结块、发霉、变质；定期消毒处理。

（2）定期检测混合均匀度，确保饲料均匀。

（七）饲料成品入仓、储存

（1）定期清理刮板机、提升机和成品仓，防止沉积、结块、发霉。

（2）定期进行成品采样检测和留样备查，核验成品质量。

六、成品饲料发运

（一）车辆检查

发料人员监督检查车辆装料口是否上锁，车厢内是否积料和清洁卫生。

（二）开票装车

（1）确认车辆和运输饲料信息无误后开票，开锁并分配装车。

（2）装料结束后，司机和发料人员现场确认，对车辆进料口上锁，并经过磅签字后离厂。

（三）成品车厂外运输卸料

（1）出厂后料车依照规定路线行驶，不得将车开往公司禁止行驶的地方或将车辆开到司机居住小区周边过夜。

（2）车辆到达养殖基地后，基地人员检查消毒后开锁，若发现未上锁或虽有锁但有故意损坏的现象时，须通知相关主管人员处理。

（3）卸料前收料人员要对司机交接单据进行现场核实，无误后再卸料。卸料时禁止抛撒，卸完后清理车厢，不得有剩余料。

（4）卸完料后上锁离开养殖基地。

七、废料处置

（一）不合格原料处置

（1）生产过程中产生的不合格原料，在报备后进行处理，不得使用。

（2）清点、核对数量、填写报废处理单。

（3）联系相关人员进行处理和外销。

（二）不合格成品料处置

（1）生产加工过程中产生的坏料和受污染的成品料，在报备后进行处理，不得发料装车和使用。

（2）清点、核对数量，填写报废处理单。

（3）联系相关人员进行处理和外销。

（三）包装袋处置

（1）每天生产结束后将原料包装袋分类整理。

（2）放入库房规定区位，统计数据、每月清理并出售1次。

（3）包装袋存放地，每月销售完进行1次彻底清理和消毒。

八、垃圾处置

垃圾处置应注意以下事项。

（1）将生产过程中产生的垃圾统一整齐堆放在指定区域。

（2）定期对垃圾进行清理消毒和无害化处理。

九、生产区消毒

（一）原料库

（1）每天对原料卸料区域进行清扫和喷雾消毒。

（2）每周对库房内进行1次清理和消毒。

（3）定期对库房进行密闭熏蒸消毒。

（4）每天工作结束后将所用工具及时清洁并放回指定位置。

（二）清理车间

（1）每天对清理车间进行清扫清理，无原料散落。

（2）每周对清理车间原料车辆行驶和停留区域进行喷雾消毒。

（3）每天工作结束后将所用工具及时清洁并放回指定位置。

（三）生产加工车间

（1）每天生产结束后，对人员所在工作区域的通道进行清扫和清理。

（2）每周对生产车间内过道和区域进行 1 次清扫和清理。

（3）对车间进出口每周进行 1 次喷雾消毒。

（四）生产区道路

每天生产结束后，生产区道路进行 1 次清扫和消毒。

（五）生产区院落

（1）院落要做到无堆积垃圾、无污染物、无污水、无杂草。

（2）院落每周进行 1 次全面大扫除和 1 次厂区环境喷雾消毒。

（3）在周边发生疫情时或因防疫需要，须按照厂部部署，加强防疫消毒。

（六）填写消毒记录

生产区各区域清扫消毒后均须进行登记记录。

十、生产区防鼠、防鸟、防昆虫

（一）防鼠

（1）对老鼠洞和窝点每月进行 1 次堵漏和清理，生产区外围设置鼠药投放点，并定期检查。

（2）生产区内物品要摆放齐整，定期进行清理消毒，特别是垃圾、原料编织袋及包装物存放地等容易藏匿鼠类的地方。

（3）在生产车间、库房、清理车间、采样化验室与外界相通的门缝和门窗通风口，均须安装防鼠板，防止外界老鼠或其他动物进入。员工下班后将所属区域门窗关闭，现场主管下班前进行及时巡视检查。

（4）生产车间、库房、清理车间内若出现老鼠，应在老鼠出没路径设置粘鼠板，布放捕鼠工具，并由专人负责清理和布放。

（二）防鸟

（1）对生产区和周边适宜鸟筑巢和栖息及有食物来源的地方，定期进行清理。

（2）为相关人员配发驱鸟工具，进行人工防鸟和驱鸟。

（3）生产区布设防鸟网，定期维护，专人负责。

（三）防昆虫

（1）保持生产区和周边的卫生清洁，定期消毒处理。

（2）每年夏季开始定期在厕所和垃圾堆放区域喷洒灭蚊蝇药物，喷洒生物预混制剂防止蚊蝇大量繁殖。

（四）防其他动物

严格控制猫、狗等动物进入生产区。

第五节 生活办公区要求

一、人员进出生活办公区

（一）人员进入生活办公区

（1）人员进入生活办公区大门时，禁止携带任何活禽、生禽肉、禽蛋危险物品。

（2）必须通过门房的人员专用消毒通道经踩踏消毒盘消毒和喷雾消毒后进入。

（3）谢绝所有从事禽类养殖、屠宰、贩运、销售的人员进入。

（二）人员离开生活办公区

人员出生活办公区时，经门房踩踏消毒盘消毒后离开。

二、物品进出生活办公区

（一）物品进入生活办公区

（1）物品进入生活办公区须经过门房消毒通道进行消毒。

（2）进入生活办公区后根据物品类型存放在指定区域。

（二）物品出生活办公区

（1）物品须经过检查，并持有相关人员签字的票据，方可运出生活办公区。

（2）所有运出生活办公区的物品，均须按规定的路线行驶并经生活办公区大门专用通道运出。

三、车辆进出生活办公区

（一）车辆进入生活办公区

（1）车辆在厂区门口，先到门卫室登记领取出门登记卡，对车辆进行整体消毒，司乘人员经消毒通道消毒后，驾车进入生活办公区。

（2）车辆进入后停靠在规定区域。

（二）车辆驶出生活办公区

车辆驶离时，相关责任人对车辆进行检查核实后在出门登记卡上签字，驶向大门后将出门登记卡交门卫处，门卫核实后放行离开。

四、院落清扫

由清洁工负责每天清扫院落，做到无堆积垃圾、无污染物、无污水、无杂草，整个院落干净整洁。

五、厕所清扫

厕所清扫应注意以下事项。

（1）先用拖把、除垢剂等将地面及其便坑清洗干净。

（2）将垃圾桶中的纸垃圾等集中装袋，统一堆放在规定区域。

（3）清洁完成后，用消毒药进行喷雾消毒。

六、垃圾清理

垃圾清理应注意以下事项。

（1）垃圾统一堆放在规定区域。

（2）每月月底由专人负责进行统一处理。

（3）处理干净后用消毒液消毒。

七、消毒

（一）宿舍消毒

每周清扫干净后，进行1次喷雾消毒。

（二）院落消毒

每周进行1次厂区环境喷雾消毒。在周边发生疫情时或因防疫需要，须按照场部部署，加强防疫消毒，必要时实行全场短期封闭。

（三）厕所消毒

每天清洁完后，用消毒药进行1次喷雾消毒。

八、防鼠、防鸟、防昆虫

（一）防鼠

（1）对老鼠洞和窝点每月进行1次堵漏和清理，生活区外围设置鼠药投放点，并定期检查。

（2）生活办公区内物品要摆放齐整，定期进行清理消毒，特别是垃圾、食品存放地等容易藏匿鼠类的地方。

（3）在宿舍、办公室等的门缝，与外界相通的门窗通风口，均须安装防鼠板，防止外界老鼠或其他动物进入。员工下班后将所属区域门窗关闭。

（4）生活办公区内若出现老鼠，应在老鼠出没路径设置粘鼠板，布放捕鼠工具，并由专人负责清理和布放。

（二）防鸟

对生活区和周边鸟雀适宜筑巢和栖息及有食物来源的地方，定期进行清理。

（三）防昆虫

（1）保持生活办公区和周边的卫生清洁，定期消毒处理。

（2）每年夏季定期在厕所和垃圾堆放区域喷洒灭蚊蝇药物。

第二篇

家禽饲养管理

第四章　蛋鸡饲养管理

第一节　育雏期饲养管理

一、雏鸡选择

目前蛋鸡品种以国外引进的良种为主，如海兰、罗曼、伊莎、迪卡、海赛克斯等品种，地方优良鸡种如庄河大骨鸡、黑羽绿壳蛋鸡及一些地方土种鸡等也有一定比例，养鸡户要根据自己实际情况选择适合本地饲养的优良鸡种。在订购雏鸡前首先要对种鸡场进行考察，目前市场上的优良品种生产性能都很接近，关键是看种鸡场对种鸡饲养管理水平如何。种鸡场之间差距很大，所以选种不如选场，对种鸡场要了解种鸡的日龄及免疫是避免免疫失败最好的办法（青年母鸡和老龄母鸡的后代免疫程序不同），所以购入的鸡雏必须来自防疫严格、种鸡质量高、抗体水平高、出雏率高的种鸡场，并选择活泼、眼睛有神、大小整齐、腹部收缩良好、脐环闭合完全、无血迹且肛门干净的健康雏鸡。只有把好这几关，才能确保雏鸡质量优良。

二、卫生消毒

1. 进鸡前舍内的消毒

消毒是预防疾病的一项最有效措施。应采取的消毒程序是清扫、冲洗、药液浸泡和熏蒸，消毒后要空舍 2 周；进雏鸡前 5 d 再 1 次熏蒸消毒，消毒要彻底，不留死角，要选用低毒高效的消毒药。

熏蒸消毒灭菌率达 99%，既方便又快捷，是一种行之有效的消毒措施。

正确的熏蒸方法是舍内清扫洗刷干净后将所有用具及垫料等全部放到舍内，门窗关闭（门窗不严的要用塑料膜封严），按每立方米空间用福尔马林 30 mL、高锰酸钾 15 g 的比例放在一起，封闭熏蒸 24~48 h。注意事项：① 舍内温度 24 ℃，相对湿度 70%~75%；② 舍内必须封严、否则影响消毒效果；③ 药物盛装禁用塑料制品，以防着火；④ 先将高锰酸钾置于容器后，迅速倒入福尔马林溶液。

2. 进舍后的带鸡消毒

带鸡消毒每周 1~2 次，常用消毒药有过氧乙酸、百毒杀、毒威等。消毒药要交替使用，以防产生抗药性。

3. 保持舍内空气清新

雏鸡 10 日龄后随着饮水和采食量的增加，排泄物也随之增多，有害气体如氨气和硫化氢等浓度提高。如果不及时解决，鸡将发生呼吸道、消化道及眼病等，严重者引起死亡。所以要注意舍内卫生，粪便要及时清理，并适当地通风换气，以保证雏鸡健康发育。

4. 鸡舍门口设消毒池

消毒池要始终保持着有效的消毒药液；饲养人员进出一定要踏过消毒池，不要跨越；养鸡户之间不要相互到鸡舍参观，以免引起疾病的相互传染。

三、 育雏环境

1. 温度

进鸡前 2 d 对育雏舍进行预温，舍内温度要达到 32~33 ℃，育雏第 1 周温度要控制在 33~35 ℃，以后每周温度降低 2~3 ℃直到 18~20 ℃为止。育雏舍温度切忌忽高忽低，要适时降温，并根据雏鸡分布状态来调整温度。如雏鸡挤堆，发出尖叫声说明温度低；雏鸡远离热源或张嘴喘说明温度过高；雏鸡安静，均匀分布说明温度适中。

2. 湿度

一般在 10 日龄前因舍内温度高、干燥、雏鸡的饮水量及采食量非常小，要适当地往地面洒水或用加湿器补湿，将相对湿度控制在 60%~70%。随着雏鸡日龄增加，鸡的饮水量、采食量也相应增加，相对湿度应控制在 50%~60%。14~60 日龄是球虫病易发病期，所以注意保持舍内干燥，防止球虫病发生。

3. 密度

合理的密度是鸡群发育良好、整齐度高的重要条件。1 周龄时以每平方米 50~60 只、2~3 周龄时 30~40 只、4~6 周龄 10~14 只最好，在保证密度合理的同时也要保证每只鸡的料位和水位充足。否则鸡只抢水、抢料、强欺弱造成鸡群整齐度低，严重影响以后生产性能的发挥。

4. 光照

开放鸡舍的光照程序依育雏季节而异。春季育雏，前 3 d 光照23.5 h，4~7 d 光照 18 h，8 d 以后按当地夏至昼长时间补充光照，到夏至以后自然光照，直到 18 周龄以后再按产蛋期逐渐补充光照。总之，育雏育成阶段光照时间应由长变短或保持恒定，绝对不能由短变长，以防过早成熟，影响蛋重和以后的产蛋量。

四、饮水与开食

雏鸡入舍后，先饮水后开食，1 周内忌用凉水，要求饮用 18 ℃左右温开水。根据鸡的数量设置足够的饮水器具，且要分布均匀、以保证鸡只方便地饮到水。饮水中可加入 5% 葡萄糖和适量的抗生素及电解多维等，饮水后即可开食。

有资料报道，雏鸡从出雏到开饲间隔时间是影响新生雏鸡发育的关键阶段。传统上养鸡者总是人为地迟延开饲时间，认为雏鸡体内残留的卵黄可作为新生雏鸡最好的养分来源。固然残留的卵黄可以维持雏鸡出壳后最初数天内的存活，但不能满足雏鸡体重的增长和胃肠道、心肺系统或免疫系统的最佳发育需要。此外残留卵黄内的大分子包括了免疫球蛋白，将这些母源抗体作为氨基酸来使用，也剥夺了新生雏鸡获得被动性抗病力的机会。因此开饲晚的雏鸡抵抗各种疾病的能力很差，而且影响生长发育和成活率。雏鸡出壳后开饲时间最晚不要超过 12~24 h，绝不要人为推迟开饲时间。可以说开饲越早越好。一般每日喂料 6 次，随着日龄增长，到 6 周龄时减少到 3 次。常备清洁饮水，水质要符合卫生标准，饮水器要定期洗刷消毒。20 日龄后最好用乳头饮水器，既卫生又节水。乳头饮水器比水槽节约用水 80%~85%，既减少了水费又能保持舍内干燥、清洁卫生，减少疾病传播。用水槽饮水一定要保持水槽平稳、不漏水、不溢水。

五、正确断喙

断喙是养鸡生产中重要技术措施之一。断喙不但可以防止啄癖发生，还可节约饲料 5%~7%。断喙要选择有经验的工人操作，断喙不当易造成雏鸡死亡、生长发育不良、均匀度差和产蛋率上升缓慢或无高峰等后果，给养鸡者带来很大的经济损失。

断喙时间在 7~10 日龄较为合适，用断喙器将鸡上喙断去 1/2，下喙断去 1/3（指鼻孔到喙尖的距离）。断喙前后 2 d 要在饮水中加入抗生素和维生素 K，起消炎和止血作用。断喙后要将饲槽中料的厚度增加，直到伤口愈合。断喙要在鸡群健康状况下进行，以防更大的应激。

六、雏鸡的饲养

雏鸡阶段对饲料营养要求较高。此阶段是雏鸡内脏器官的发育时期，生长速度也比较快，要求供给雏鸡优质配合饲料，粗蛋白质含量要达 20%。代谢能达 11.9 MJ/kg，且因品种不同营养标准也有所不同。如迪卡花的雏鸡阶段用 2 个饲料配方，0~3 周龄用幼雏前期料（或用雏鸡料），粗蛋白含量为 21%，代谢能为 12 MJ/kg，22 日龄时体重达到 150 g，胫长达到 48 mm；4~8 周龄时用幼雏料，粗蛋白质含量为 19%，代谢能为 11.5 MJ/kg，到 8 周龄时标准体重达 620 g，标准胫长达 85 mm。此时幼雏料改为育成期料。胫长达到标准，说明育雏鸡阶段的培育工作结束，并证明雏鸡阶段的培育成功。如果在 8 周龄时雏鸡的胫长没有达到标准，要继续喂幼雏饲料 0.5~1 周，直到达到标准为止，但幼雏料的使用时间不能超过10周龄。如体重未达到标准，胫长达到标准也可决定换料，因为育雏期最重要的指标是胫长，如不达标以后难以弥补，而体重在以后饲养中可以弥补。

体重与胫长的称测从3周龄开始，每两周称测1次，每次称测鸡群数的5%~10%。平养鸡群可在舍内对角线取两点，用折叠网随机将鸡围起来；笼养鸡可在固定的鸡笼抽取样本。测量胫骨时，用卡尺量取从足底到胫骨头的距离，让胫骨与股骨呈90°，测量后计算平均数。如果实际体重和标准体重不符，可查找原因及时进行调整直到符合标准为止。调整方法是及时调群，可按大、中、小分群，对于低于标准的要增加饲养空间，减少密度，增加给料量；对于超重的要暂不增料，保持原来的给料量，切忌减料。

第二节 育成期饲养管理

育成期的目的是要培育出鸡体健康、体重达标、群体整齐，性成熟一致、符合正常生长曲线的后备母鸡，过去的蛋鸡饲养观念，不太重视育成鸡的饲养管理，往往为了降低育成鸡的饲养成本而忽视育成鸡的饲养，本来是优良品种使得生产潜力在育成期未得到较好培育，从而影响产蛋生产性能的发挥。

一、合理换料

育成料取代育雏料不要机械地以周龄为界限，要看鸡群的胫长、体重是否达到了本品种标准，在8周龄时如果胫长整齐度达90%，体重整齐度达85%时可决定换料，否则继续喂育雏料0.5~1周，但育雏料的饲喂时间原则不能超过10周龄。饲料的更换要循序渐进，逐渐过渡以减少应激。如果鸡群体质较好，可采用"五五"过渡方法，即育雏料50%，育成前期料50%，混合喂饲1周后再改育成料；如果鸡群体质较差，可采用"三七"过渡方法，即育雏料70%，育成前期料30%，混合喂饲1周，再配合1周"五五"过渡，而后再改为育成料。每当饲料变更时都应有过渡期，不能突然变换饲料。

二、体重和体型

1. 体重

体重是充分发挥鸡遗传潜力，提高生产性能的先决条件，是在为高产储备能量。育成体重可直接影响开产日龄、产蛋量、蛋重、蛋料比及高峰持续期。在后备鸡培育过程中，以前往往只重视育成期的成活率而忽视对体况、体重的要求。有很多养鸡场（户）在鸡8周龄前根本不进行体重监测。其实，鸡在育成期标准的体重和体况与产蛋阶段的生产性能具有较大的相关性。据有关资料报道：雏鸡5周龄体重对于产蛋性能来说是极为重要的，5周龄体重越大，则结果越好、10周龄体重没有5周龄体重那么重要，但10周龄体重对于提早性成熟来说仍然是十分重要。18周龄体重的均匀度也是十分重要的一项指标。

据有关实验证明：

（1）当鸡群体重较标准体重低110 g时，开产日龄较正常鸡群推迟5 d；

（2）低体重鸡群较标准体重鸡群22周龄平均蛋重低3.35%；

（3）低体重鸡群72周平均存活率比标准体重鸡群低8.59%；

（4）低体重鸡群比标准体重鸡群产蛋高峰期持续时间少77 d；

（5）低体重鸡群较标准体重鸡群72周入舍鸡产蛋量低1.24 kg/只鸡，蛋料比高0.24。

2. 控制鸡群的体型

体型是指骨骼系统的发育，骨骼宽大，意味着母鸡中后期产蛋的潜力大。在育雏、育成前期小母鸡体型发育与骨骼发育是一致的，胫长的增长与全身骨骼发育基本同步。

控制后备母鸡的体型在经济上是有利的，因为体型大小对蛋的大小有着极大的影响。为此，这一阶段以测量胫长为主，结合称体重，可以准确地判断鸡群的生长发育情况。若饲养管理不好，胫短而体重大者，表示鸡肥胖，胫长而体重相对小者，表示鸡过瘦。防止在标准体重内养小个子的胖鸡和大个子的瘦鸡，这两种鸡产蛋表现都不理想。过肥的鸡死亡率较高，而体架过大且体重较轻的鸡易脱肛，大多数育成鸡的骨骼系统基本上在 13 或 14 周龄发育结束，重要的是育成期 12 周龄内胫骨的生长是否与体重增长同步。如果到 12 周龄胫长与体重是同步的，说明此阶段鸡群培育工作相当成功，预示着此鸡群其后的产蛋潜力较高。

3. 定期称重测量

为了培育出标准后备鸡，育成期要对鸡群进行定期称重。方法：要每两周称量 1 次，每次抽测鸡群数的 5%~10%，随机取样，不能挑选。每次称测后要及时计算出实际的平均体重、胫长，并与标准体重和胫长进行比较，看是否达到了标准，如果实际体重和胫长达不到标准，要查找原因，加强饲养管理。对于超过标准的要暂不增加给料，保持现有给料量，切忌减料；对于低于标准的适当增加给料量，同时要适当增加饲料中粗蛋白质、钙磷和微量元素的给量，使鸡群充分发育，直至达到标准为止。

三、饲养方案

后备母鸡的饲养，传统上采用的是低成本饲养方案，也就是限制饲喂方案。采用的日粮中营养是随着鸡日龄增长逐步降低的方法。而近年来针对蛋用青年母鸡生长发育"多阶段生长"特点，给予不同的营养。青年母鸡的生长主要有四个高峰期，其中第一和第二生长期内的发育，主要是维持组织，如骨骼和内脏；第三生长期称为性成熟生长高峰，这一阶段增加的全部体重的40%~70%是繁殖器官的生长；第四生长期主要是脂肪沉积。为此，饲养者要对青年母鸡的常规饲养方案进行调整，使其适应青年母鸡多阶段生长点。先要根据品种或品系确定后备母鸡的生长模式，之后在特定的生长阶段对某些器官和组织的发育有针对性地供应养分，如育雏期（1 日龄—目标体重）提供粗蛋白 18%~19%，代谢能 12.0 MJ/kg；生长期（目标体重—成熟体格）提供粗蛋白 15%~16%，代谢能 11.5 MJ/kg；预产期（成熟体格—开产）提供粗蛋白16%~18%，代谢能 11.9 MJ/kg。

四、光照制度

育成期光照管理原则是光照时间保持恒定或逐渐缩短，切勿增加。育成期常采用的光照方法有 3 种，即自然光照法、恒定光照法和渐减光照法。

1. 自然光照法

此种方法为自然光照逐渐缩短使用。这期间不要人工补光。

2. 恒定光照法

此种方法为自然光照逐渐延长时使用。查出本批雏鸡长到 20 周龄时当地日照时间，以此为标准，自然光照不足部分采用人工补光。

· 3. 渐减光照法

从当地气象部门查出本批雏鸡到 20 周龄时的白天光照时间，再加上 4 h，为 1~4 周龄的光照时间，5~20 周龄每周平均减少 15 min，到 20 周龄时正好与自然光照长短一致。育成期每天光照的总时数，一般不应低于 8 h。光照制度要相对稳定，光照方案确定后，不应经常更换，要保持一定稳定性。光照强度以每平方米 1~2 W 照度即可。

五、环境条件

合理的温度、湿度及通风换气是育成鸡群生长发育的有力保障。育成鸡的初期要注意做好保温工作。鸡在转舍前，先将育成舍内温度升高，一般要高于原舍 2 ℃，以避免小鸡感冒。育成期舍内要保持干燥，及时清除粪便，做好舍内的通风换气工作。

六、均匀度

均匀度是指鸡群发育是否整齐，它是品种生产性能和饲养管理技术的综合指标。鸡群的均匀度在 10 周龄时应至少达到 70%，15 周龄时至少要达到 75%，18 周龄时至少要达到 80%，同时鸡群的平均体重与标准重的差异应不超过 5%，这些指标在很大程度上决定着后备母鸡开产时的状况。后备鸡均匀度越高，鸡群开产后的产蛋高峰上得越快，而且持续的时间也越长，总的产蛋量越高。

提高均匀度的主要措施：定期称重，按大、中、小及时分群，对于发育差的、体重小的鸡增加饲喂空间和饮水空间；降低饲养密度，饲养密度是影响鸡群整齐度的关键。合理的饲养密度，地面平养或网上平养每平方米 8~10 只，饲槽位置每只 7.5 cm，水槽位置每只 3.0 cm。一般笼养数量是平养的 2 倍。对于患病造成发育迟缓的鸡，应及时淘汰。

第三节　产蛋期饲养管理

一、开产前饲养管理

（一）后备鸡适时转入产蛋鸡舍

（1）上笼日期：后备鸡转入产蛋舍时间在 16~18 周龄，过早过晚都不合适，过早小鸡易从鸡笼中跑出来，过晚会使部分接近开产或已开产的母鸡由于转群产生应激，进而影响发育和产蛋量。

（2）入笼鉴定：上笼时应对育成鸡进行 1 次选择，上笼时应按体重发育情况分层、分群饲养、发育早的放在底层，发育晚且体重较轻的放在上层，同时淘汰体重过小及病、弱、残鸡。

（3）上笼前应做完免疫接种和驱虫工作。

（4）在上笼前、中、后 3 d 时间给鸡在饮水中加入电解多维以缓解转群应激。

（5）转群应在安静与暗光下进行，抓鸡动作要轻且准确，谨防损伤。

（二）转群后进行换料与补光

18 周龄至产蛋率达 5%时要用预产期料，同时可增加光照。换料与补光依据是：18 周龄体重达到该品种标准时即可换料，同时开始补光；18 周龄体重虽未达到标准，却已有部分鸡开产，也应换料，但于 1 周后才开始补光。

育成料换成预料，至产蛋率达到 5%时，再换成产蛋高峰料。预产期料比育成期料钙的含量高，预产期料钙含量应达到 1.8%~2.1%，为产蛋进入高峰做一过渡性钙储备。目前也有一些开产较早的品种不进行预产期过渡，直接饲喂产蛋期饲料。总之，一切均要按照品种要求进行。

正常情况下 18 周龄开始增加光照。一种行之有效的增加光照的方法是：每隔 1 周 1 次性增加光照 2 h，直至全天光照达 16 h 为止，这样增光不仅应激小而且利于产蛋。

二、产蛋高峰期的饲养管理

蛋鸡产蛋期饲养是求得最佳经济效益时期，如何用最经济的营养日粮换取最高的饲养日产蛋率和蛋重？要做好以下几方面的工作。

（一）满足产蛋期营养需要

从开产到产蛋高峰是饲养蛋鸡的关键阶段。产蛋母鸡正常的体重发育规律是 20 周龄之前体重增长较多，24~40 周龄平均日增重 2~4 g，此后保持相对平衡并少有增加（每日 0.1 g），若产蛋高峰期体重减轻，意味着体内储能过多被动用，如从日粮中得不到及时补充，即预示着产蛋率的下降和产蛋高峰的提前结束。因此必须保证母鸡每天摄入足够的营养，产蛋母鸡每天摄入的营养用于鸡体重的继续增长、产蛋的支出、基础代谢和繁殖活动的需要。所以，设计饲料配方时要按鸡对能量、粗蛋白、氨基酸、钙、磷等的日需要量标准计算。调整营养浓度根据产蛋阶段的变化，采食量的变化进行。

调整饲养，根据鸡在不同生理时期，对营养需要量不同的道理，依据饲养标准及时调整饲料配方中的各种营养成分的含量，以适应鸡的需要。调整饲养是解决营养性应激的重要措施，它可以保证鸡群的健康生长，减少营养代谢病，从而保证了鸡群充分发挥其遗传潜力，提高产蛋量，节约饲料，降低料蛋比，增加经济效益。

我国鸡的饲养标准中对产蛋鸡的产蛋水平分为 3 段：产蛋率 >80%、产蛋率在 65%~80%、产蛋率<65%，不同阶段配以不同的营养需要。但在现场生产中有的阶段持续时间很长，如产蛋率达 80% 以上的持续期达 20 多周，在这么长时间里，养鸡的环境条件和鸡群状态会发生很大的变化，如不及时调整饲

料配方中营养成分的含量，只用一个配方持续喂养则很难适应鸡生理需要，造成有时营养不足，有时营养浪费。为了适应情况变化，只有实行调整饲养，才能达到既提高产蛋量又节省饲料的目的。

（二）调整饲养方法

（1）夏季盛暑，鸡采食量下降，直接影响各种营养成分的摄入量，因此要选用高浓度型日粮。

（2）在配合饲料中，蛋氨酸、赖氨酸、精氨酸充足情况下，使用高能（高出标准5%~8%），低蛋白（低于标准1%左右浓度）的日粮是有利的。这样，一方面可以减轻肾脏的代谢负担，减少体增热，另一方面可以降低舍内氨气浓度，同时还可以保证产蛋率。

（3）蛋壳质量下降时，如产软皮蛋、破皮蛋、蛋壳薄时，要调整日粮中钙的含量和钙、磷的比例，注意增加维生素D的含量。

（4）当鸡群发生啄癖时，如啄羽、啄肛、啄趾等，除应改善管理条件外，在饲料中适当增加粗纤维素含量。蛋鸡开产初期，如果脱肛，啄肛现象严重，可增加食盐的喂量达到配方的1%；连喂2 d，效果较佳。

（三）创造适于高产的饲养环境

鸡舍内的适宜环境对于保证生产力的正常发挥是至关重要的，因为每一个不适的饲养环境，诸如高温、寒冷、潮湿、噪声、空气污浊等，对产蛋鸡都是很大的应激因素。而每次应激都会或多或少影响其生产性能的正常发挥。

1. 保证鸡舍内的安静

鸡舍内和鸡舍外周围要避免噪声的产生，饲养人员与其工作服颜色尽可能稳定不变。杜绝老鼠、猫、狗和鸟等动物进入鸡舍。

2. 常备清洁饮水

鸡的饮水质量一定要符合国家规定的标准。感官性状不得有异嗅、异味，不得含肉眼可见物，pH在6.4~8.0；细菌学指标大肠杆菌群1个/100 mL。此外要注意饮水器和水槽的定期清洗消毒，避免细菌滋生。有条件安装乳头式饮水系统最好。

3. 产蛋期密度

产蛋期密度因品种和饲养方式的不同而异。对于笼养密度有两种计算方法，分别为笼饲密度和舍饲密度。前者指鸡在笼内的饲养密度，后者指蛋鸡在鸡舍内的饲养密度。我国蛋鸡笼饲密度为每平方米 15~25 只，舍饲密度（以 3 层全阶梯蛋鸡笼为例）是每平方米 10~14 只；国外条件好的笼养密闭式鸡舍，笼饲密度是每平方米 25~30 只。密度过大，在生产中会带来一系列的问题，应引起饲养者注意。

4. 光照

产蛋期的光照原则是只能增加不能减少。从 18 周龄开始，增加光照时间和光照强度，然后采用恒定法固定光照时间和光照强度，持续到产蛋期末，尤其产蛋高峰期不能随意变动、减弱光照时间和光照强度。对于开放式鸡舍，受自然光照影响，鸡舍的光照时间应尽量接近最长的自然光照时间，不足部分用人工光照补充。产蛋鸡光照时间应恒定在 16~17 h，光照强度，白壳蛋鸡每平方米 2 W 灯光，褐壳蛋鸡每平方米 3 W 灯光（灯与灯距离 3 m，灯与地面距离 2.0~2.4 m）。

灯光设计要求是：灯距小、灯泡小、功率小、光线均匀、照度足够。灯泡在舍内分布的大致规定是：一般灯泡距地面高度为 2.0~2.4 m，灯泡之间的距离是其高度的 1.5 倍。舍内如果安装 2 排以上的灯泡，各排灯泡要交叉排列，以使光线分布较均匀。笼养鸡要注意将灯泡设置在两列笼中间上方，以便灯光射至料槽、水槽。人工补光开灯时间保持稳定，忽早忽晚地开灯或关灯都会引起部分母鸡的停产或换羽。有条件鸡场光照时间控制最好采用定时器，光照强度用调压变压器，并经常擦拭灯泡，保证其亮度。

5. 温度、湿度和通风

（1）温度。温度适宜是保持产蛋率平稳和节省饲料所必需的，温度过高或过低都会影响鸡群的健康和生产性能，致使产蛋量下降，饲料报酬降低，并影响蛋壳质量。鸡对温度有一定的适应能力，产蛋鸡适宜温度约为 13~27 ℃，最佳温度为 18~23 ℃，尽量将环境温度控制在不低于 8 ℃和不超过 30 ℃。舍温要保持平稳，不突然变化，忽高忽低，更不要有"贼风"侵入。冬季注意保温，夏季要采取相应防暑降温措施。如屋顶加厚或涂白，环境绿化，植树遮阴；地面屋顶喷水降温，安装排风扇、加大通风量。日粮中增加多维素给量，特别是维生素 C 的给量，要达日粮的 0.1%~0.2%。

（2）湿度。鸡舍内湿度来源于鸡群呼出的气体、粪便蒸发的水分、水槽内蒸发的水分和大气中原有水分等。产蛋鸡的最适宜相对湿度为 55%~65%，夏季可在鸡舍过道中洒水以增加空气湿度，秋冬季湿度偏高时可加大排风量，以降低空气中水蒸气含量，需要强调的是一年四季都应尽量降低鸡粪中的含水量，这样不仅可以控制湿度，也能防止空气中有害气体的产生。

（3）通风。通风时要根据鸡舍内的温度、湿度、有害气体浓度、空气中氧气含量及空气气流等适当掌握。鸡舍的温度、相对湿度和通风速度对饲料消耗整个产蛋期性能的影响都很大。适当的通风有助于提供良好的环境，可获得最高的产蛋量。对于开放式鸡舍的通风应遵循以下 5 个原则：提供新鲜空气、排除废气、控制温度、控制湿度、排除灰尘。在以上这 5 点中，关键是第 3 点。

对密闭式鸡舍多采用纵向通风、湿帘降温的方法。对舍内空气要求，二氧化碳控制在 1 500 mg/m³ 以下，硫化氢控制在 10 mg/m³ 以下，氨气控制在 15 mg/m³ 以下。鸡舍内空气中灰尘控制在 4 mg/m³ 以下，微生物数量在 25 万/m³ 以下。

三、蛋鸡日常管理

（一）观察鸡群

观察鸡群的目的在于掌握鸡群的健康与食欲等状况，挑出病鸡，拣出死鸡，以及检查饲养管理条件是否符合要求。

1. 挑出病鸡

每天均应注意观察鸡群，发现食欲差，行动缓慢的鸡应及时挑出并进行隔离观察治疗；如发现大群突然死鸡且数量多，必须立即剖检，分析原因，以便及时发现鸡群是否有疫病流行。每日早晨观察粪便，对白痢、伤寒等传染病要及时发现；每天夜间闭灯后，静听鸡群有无呼吸症状，如干、湿啰音、咳嗽、喷嚏、甩鼻，若有必须马上挑出，隔离治疗，以防传播蔓延。

2. 挑出停产鸡

停产鸡一般冠小萎缩，粗糙而苍白，眼圈与喙呈黄色。主翼羽已脱落，耻骨间距离变小，耻骨变粗者应淘汰。对于一些体重过轻，过肥和瘫痪，瘸腿的鸡也应及时淘汰。如发现瘫鸡较多要检查日粮中钙、磷及维生素 D3 含量与饲料的搅拌情况等。

3. 应经常观察鸡蛋的质量

观察鸡蛋质量，如蛋壳，蛋白、蛋黄浓度，蛋黄色素，血斑，肉斑蛋，沙皮蛋，畸形蛋，尤其是蛋大，破蛋率高等应及时分析原因，并采取相应措施。

4. 随时观察鸡的采食量

每天应计算耗料量，发现鸡采食量下降应及时找出原因，加以解决。

（二）保持良好的环境条件

（1）保持舍内清洁卫生。每天至少清粪 1 次，寒冷季节要在中午换气时清粪，以便及时排出氨气。

（2）保持舍内干燥。饮水系统要经常检查，饮水器不要漏水和溢水。

（3）灯泡要每周擦 1 次，坏灯泡及时更换，以保证应有的照度。

（4）工作人员在舍内动作要轻，不要有特殊声响，尽量避免引起鸡群的骚动。

（三）认真按时完成各项作业

注意每天的开关灯时间，喂料、喂水、捡蛋、清粪等工作应按规定的作业时间准时完成。

（四）捡蛋

捡蛋时间固定为每日上午、下午各捡 1 次（产蛋率低于 50%，每日可只捡 1 次）。捡蛋时要轻拿轻放，尽量减少破损，破蛋率不得超过 3%。鸡蛋收集后立即用福尔马林熏蒸消毒，消毒后送蛋库保存。

（五）蛋鸡舍工作人员岗位责任制

蛋鸡舍工作人员应严格按操作规程操作，严格执行各项规章制度，坚守岗位，认真履行职责，上班时间鸡舍内不得无人，对鸡出现的不正常死亡，如啄死、卡死、压死、打针或用药不当致死以及病鸡未及时挑出治疗死在大群中等，均属值班人员的责任事故，均应受到批评或经济处罚。值班工作人员值班期间应做好以下几项工作。

1. 保证舍内外卫生

舍内顶棚、墙壁、梁架、门窗等应保持无灰尘、无蛛网；铲净、清扫走廊上的鸡粪；鸡笼、承蛋网每周扫 1 次，走廊每次喂料后要清扫，鸡舍工作间、更衣、消毒间每天清扫两次，鸡舍周围环境，每周彻底清扫 1 次；每月全场大消毒 1 次。

2. 管理维护好本车间的设备

对工具、上下水管道、风机、照明、鸡笼等设备，应经常保持良好状态，有故障应及时排除，不得"带病"运转，使用设备，应遵守操作规程；以免造成事故和伤亡，在力所能及的情况下，自己维修保养设备用具，并防止丢失和损坏。

3. 倒班时应做好交接班工作

下班前应逐项、细致、准确填写值班记录，如光照时间的变更、测鸡体重、接种疫苗、投药情况、鸡群健康状况等，都应详细填写，交接班时，除交代鸡群状态、设备损坏、病鸡治疗等主要事项外，交班人员还应该把当日岗位责任制的落实情况，饲养操作规程的执行情况等在值班记录上标明并签名，以示负责。

第五章 肉鸡饲养管理技术

第一节 品种选择

选择优良品种是肉鸡生产的首要任务，现代肉鸡以饲养快速生长型（即快大型）为主，约占社会饲养量的 90%，饲养 49 d，体重达 2.0 kg，料肉比为（1.9~2.1）：1。现介绍几种分布面广、饲养量大的品种。

一、艾维茵

艾维茵原产地为美国，是美国艾维茵国际禽场有限公司培育的。我国1986 年引进。其特点是抗逆性强，成活率高，在一般饲养管理条件下，育雏成活率可达 98%；增重快，饲养周期短，饲料转化率高，49 d 公母平均体重可达 2.0 kg，料肉比达 1.97：1；艾维茵肉鸡羽毛呈白色，皮肤呈黄色，肉质细嫩鲜美。该鸡是我国目前白羽肉仔鸡中分布面最广，饲养量最大的品种。

二、爱拔益加

爱拔益加原产地为美国，是美国爱拔益加种鸡公司培育的。1981 年我国先后引进祖代、父母代种鸡。该品种羽毛纯白、体型大、适应性较强，在一般饲养管理条件下，育雏成活率可达 98%，生长较快，49 d 公母平均体重可达 2.0 kg，饲料转化率高，料肉比达 2.1：1。目前该品种在我国白羽肉仔鸡中，仍占很大比重。

三、沃德168

"沃德168"是沃德家族第一个成员,聚合蛋鸡"产蛋多、死淘低、效率高"和白羽肉鸡"生长快、耗料少、产肉多"的优势基因,42 d体重可达1.5 kg,料肉比为1.63:1,成活率99%以上,是中国乃至世界肉鸡创新的颠覆式成果,2018年通过了农业农村部的认定,开启我国白羽肉鸡自主育种的先河,可细分为0.85~1.75 kg 4种出栏规格,能满足扒鸡、熏鸡、烧鸡、白条鸡冻品等市场需求。

四、817杂交肉鸡

817杂交肉鸡是具有地方特色的小型肉用鸡品种,简称"小肉杂"。源于山东鲁西地区。采用大型肉鸡父母代的公鸡(AA+、罗斯308等)与常规商品代褐羽、粉羽蛋鸡(海兰、罗曼、尼克等)进行人工授精获取的受精蛋即为817杂交种蛋,再进行孵化产出817杂交肉鸡苗,一般饲养5~7周,体重达到1.3~1.8 kg即可出栏。817杂交肉鸡环境适应能力强,抗病力较大型肉鸡有很大的提高。

第二节　鸡舍选择

一、鸡舍的布局

鸡场的布局应该科学合理。专业性肉仔鸡场,采用"全进全出"制饲养肉鸡,环境比较干净,布局也比较简单。因为不养种鸡没有孵化室。在布局和规划时,主要考虑鸡群的防疫卫生和安全,同时还要保证非生产区和生活区人的工作和生活环境,尽量避免交叉污染。因此应根据当地的主导风向,将非生产区,生活区设在上风向处,生产区设在下风向处,生产区的净道与污道必须合理而又严格分开,入口处应设置专用的消毒室和消毒池,供进入生产区的人员更衣、消毒用。

二、鸡舍的类型

鸡舍按其形式可分为开放式鸡舍、密闭式鸡舍、简易式鸡舍 3 种类型，饲养者可根据当地气候条件、供电情况、本身的经济实力等，因地制宜选择适宜的鸡舍。

1. 开放式鸡舍

这种鸡舍也称有窗鸡舍或普通鸡舍。其特点是四面有墙，南北有窗，南窗大、北窗小，一部分靠自然通风、自然光照，一部分靠人工通风、人工光照。目前，我国饲养肉鸡绝大多数采用这种鸡舍。这种鸡舍的优点是造价低，结构简单，适用于一般肉鸡场和专业户使用。缺点是利用自然通风、自然光照，舍内环境条件不稳定，受外界自然条件影响很大，不利于鸡群的生长发育。

鸡舍的建造要科学合理。地面最好是水泥地面，而且要求高出舍外，坚实、耐久、防潮、平坦、不滑，易于清扫、消毒。墙壁一般采用砖或石垒砌，墙外用水泥抹缝，墙内用水泥和白灰挂面，在墙壁的下部有 1 m 高的水泥裙，以便防潮和冲洗，并且要求坚固、耐久、保温隔热性能好、耐水、耐冻，便于清扫和消毒。房顶由房架和房面两部分组成，房架可用钢筋、木材或钢筋混凝土制成。房面直接防风雨、隔辐射，材料要求保温隔热性能好，一般用瓦、石棉或苇草做成。房顶分为"人"字形、拱形和平顶形，"人"字形隔热通风性能相对比较好，特别是吊棚后隔热性能更好。鸡舍的跨度一般为 10~12 m，净宽 8~10 m，过宽不利于通风；长度可根据饲养规模、饲养方式、管理水平等诸多具体情况而定。鸡舍的高度是檐高 2.5~3.0 m；鸡舍的门高为 2 m 并设在两头，宽度以便于生产操作为准，一般单扇门宽 1 m，双扇门宽 1.6 m 左右；窗户面积与地面面积之比一般为 1：（10~15）为宜，而且南北两窗的下面设有供通风换气用的百叶窗，这种百叶窗一般夏季开放，冬天关闭。

2. 密闭式鸡舍

这种鸡舍也称无窗鸡舍，或叫控制环境鸡舍。其特点是鸡舍无窗（只备有应急窗）或完全封闭，鸡舍内的小气候完全通过各种设施进行控制和调节，以适应鸡体的生理需要。这种鸡舍的优点是不受自然条件的影响，为鸡群提供适宜的生长环境，有利于鸡群的生长发育；缺点是耗资较大，对电的依赖性很大，饲养技术要求严格。适用于大规模肉鸡生产和寒冷地区。

3. 简易鸡舍

塑膜暖棚简易鸡舍：这种鸡舍，山墙及后墙用土坯或干打垒（有条件可用砖墙），山墙一侧开门，房顶搭成单斜式，前面用竹片、立柱等做成拱架，上面覆盖塑膜，根据气候变化，随时开揭塑膜。这种鸡舍优点是省钱，适用于规模小，资金缺乏的养鸡户；缺点是舍内昼夜温差较大，冬季湿度大，管理比较困难。

闲置旧房改造的鸡舍：这种鸡舍是把闲置的房屋进行修整，形成类似开放式的鸡舍。适宜农户小规模饲养，育雏时可先隔开一个小空间，随日龄的增长，再逐步扩散至整个鸡舍。

第三节　设备选择

一、喂料设备

1. 喂料盘

喂料盘又叫开食盘。用于 1 周龄前的雏鸡，是塑料和镀锌钢板制成的圆形和长方形的浅盘。盘底上有防滑突起的小包或线条。以防雏鸡进盘里吃食打滑或劈叉。每盘可供 80~100 只雏鸡使用。若饲养数量少，可用塑料薄膜或牛皮纸代替开食盘。

2. 喂料桶

喂料桶又叫自动喂料吊桶。适用于 2 周龄以上的肉鸡。料桶材质有塑料和镀锌钢板两种。饲料装入桶内，便可供鸡自由采食，鸡边吃料，饲料边从料桶撒向料盘。其规格有 3 种，一般选择 5 kg 容量的桶即可。每个桶可供 50 余只鸡自由采食用。

3. 喂料槽

用木板或镀锌钢板自制而成的长方形槽。槽的上方加一根能转动的横梁，以防鸡只进入槽内或站在槽上，弄脏饲料。饲槽的长度一般 为 1.0~1.5 m，每只鸡占有 5 cm 左右的槽位。

二、饮水设备

1. 塔形真空饮水器

适用于 2 周龄前雏鸡使用。这种饮水器多由尖顶圆桶和直径比圆桶略大的底盘构成。圆桶顶部和侧壁不漏气，基部离底盘高 2.5 cm 处开有 1~2 个小圆孔。利用真空原理使盘内保持一定的水位直至桶内水用完为止。这种饮水器构造简单、使用方便，清洗消毒容易。它可用镀锌钢板、塑料等材料制作，也可用大口玻璃瓶制作，有 1.5 kg 和 3.0 kg 两种容量，适用于一般肉鸡场和专业户使用。

2. 普拉松自动饮水器

适用于 3 周龄后肉鸡，能保证肉鸡饮水充足，有利于其生长。每个饮水器可供 100~120 只鸡用，饮水器的高度应根据鸡的不同周龄的体高进行调整。

3. 槽形饮水器

这类饮水器一般可用竹、木、塑料、镀锌钢板等多种材料制作成"V"形，"U"形或梯形等。"V"形水槽多由铁皮制成，但金属制作的一般只能使用 3 年左右，水槽会被腐蚀而漏水，迫使更换水槽，而用塑料制成的"U"形水槽解决了"V"形水槽因腐蚀漏水的问题，而且"U"形水槽使用方便，易于清洗。梯形水槽多由木材制成。农村专业户有的直接用竹筒做成水槽。水槽一般上口宽 5~8 cm，深 3~5 cm。槽上最好加一横梁，可保持水槽中水的清洁，尽可能放长流水。每只鸡占有 2.0~2.5 cm 的槽位。另外水槽一定要固定，防止鸡踩翻水槽造成洒水现象。

4. 乳头式饮水器

这种饮水器已在世界上广泛应用，使用乳头式饮水器可以节省劳力，并可改善饮水的卫生程度。但在使用时注意水源洁净、水压稳定、高度适宜。另外，还要防止长流水和不滴水现象的发生。这种饮水器由于成本高一般肉鸡场和专业户很少使用。

三、增温设备

1. 煤火炉供温

在室内砌烟道或架烟筒，生炉火直接供温。这种供温方法，既经济，保温性能也好，是一般肉鸡场和专业户经常使用的方法。但在使用时由于舍内生火消耗大量氧气，因而必须处理好保温和通风的关系，防止肉鸡腹水症等疾病的发生。另外，在育雏阶段如果是冬季或早春可在室内建 1.5 m 左右高的塑料保温棚，防止热量的散发，形成局部温暖小气候。面积根据育雏数量而定，棚内用砖砌烟道，使其一端连接煤火炉，另一端连接烟筒，棚的适当位置留有 1~2 个出入口，便于饲喂和清扫粪便。但要特别注意防止烟道漏气，避免雏鸡煤气中毒，因而应经常检查烟道使其处于完好状态。

2. 保温伞

保温伞是育雏的常用设备。保温伞有铁皮和玻璃钢两种，它可根据雏鸡的日龄人为控制温度，满足其生长需要。每个伞 800~1 200 W，可供 500~600 只雏鸡使用。

3. 红外线灯泡

利用红外线灯泡散发的热量供暖，通常用 250 W 红外线灯泡，可将数个连在一起。悬于离地面 35~45 cm 高度，具体高度可以调节，室温低时灯泡低些，反之则高些。每盏灯可育雏 100~200 只。

四、通风换气设备

开放式鸡舍靠门和窗自然通风即可。一般通过合理布置门窗，开设通风天窗，可增强鸡舍的自然通风效果，目前广泛应用的通风装置均比较简单，进气孔的设计多采用间接进气法，即在迎风面墙上安装百叶窗或用细孔网眼布遮围以调节风速，排气孔的设计可在鸡舍顶部安装活动式天窗，或安装一个类似烟筒的排气孔。夏季为了加大通风量，可在窗子上安装几个排风扇，若是宽度过大的鸡舍，最好实行机械通风，在墙上（山墙或北墙）安装轴流式风机，风机的数量应根据鸡舍饲养鸡数详细计算。

五、消毒设备

舍内地面、墙面、屋顶及空气的消毒多用喷雾消毒和熏蒸消毒。喷雾消毒采用的喷雾器有背式、手提式、固定式和车式高压消毒器，熏蒸消毒采用熏蒸盆，熏蒸盆最好采用陶瓷盆或金属盆，切忌用塑料盆，以防火灾发生。

六、饲养用具

秤（用来称量饲料和鸡体重）、铁锹、笤帚、叉子、水桶、刷子、水枪等清洁卫生用具，而且应做到每舍一套，不要串用。

第四节　饲养方式选择

一、垫料平养

垫料平养就是在鸡舍地面上铺 10~15 cm 厚的垫料，定期更换或中间不更换，待一批鸡饲养结束后一起清除的饲养肉鸡方式。此方式适于垫料来源容易的地区，垫料可因地制宜选用麦秸、稻草、稻壳、玉米秸、刨花、锯末、沙子等，并且要求松软、吸水性强、无霉变，长度以 5 cm 左右为宜。

这种方式优点是设施简单，投资少，鸡胸、腿疾病少，适用于农村家庭饲养。缺点是鸡只与粪便、垫料接触，易感染消化道疾病、球虫等病，饲养密度小，劳动效率低。另外，应用这种饲养方式时应注意对饮水器周边过于潮湿的垫料随时更换。

二、网上平养

网上平养就是在离地面一定高度搭设支架，在支架上放上木条网垫、竹片网垫、金属网垫或塑料网垫而饲养肉鸡的饲养方式。

网架的高低可根据鸡舍跨度的大小和举架的高低自行设计。一般举架低的网高可设为 60~100 cm，举架高的网高可达 100~150 cm，高网饲养有利于粪便的清除，既减轻了作业强度，又保持了舍内空气新鲜。

网垫的选择要根据饲养户的实际情况而定。木条网垫、竹片网垫可就地取材进行制作，成本相对比较低，使用寿命也比较长。但是这种网垫在制作过程中要精细、平整、避免木刺和竹刺刺伤鸡的足底，影响生长发育和肉鸡产品质量。铁丝网垫最好选用纺织型，不得有铁刺，锈蚀损坏的要及时更换。弹性塑料网垫是最理想的，这种网垫柔软、有弹性可减少腿病和胸囊肿，提高产品质量。

网上平养优点是鸡粪可通过网眼落到地面，使鸡只不与粪便接触，可减少疾病的发生，节省垫料，提高饲养面积 50%，劳动效率较高。缺点是网床投资较大、对供温要求高。

三、笼养

笼养就是把肉鸡饲养在笼内。笼养可分为阶梯式和叠层式两种。笼养优点是，和平养相比可提高 1 倍饲养量，提高了鸡舍的利用率和劳动生产率，增重快，耗料少，降低抗球虫病的费用，节省垫料费用，清洁卫生，便于公母分群饲养，实行科学的管理。缺点是由于饲养密度大，需要良好的通风设备和较高的饲养管理技术。另外，鸡笼投资大，由于目前尚没有理想肉鸡笼具，容易发生胸、腿疾病，影响产品质量。随着鸡笼材料和结构的改进，采用有弹性的塑料箱底，将会大大降低肉鸡胸腿病的发病率。笼养肉鸡将是今后发展的方向。

第五节　养好肉仔鸡的基本条件

一、温度

温度是肉仔鸡正常生长发育的首要条件。育雏给温的原则是：前期高，后期低；弱雏高，强雏低；小群高，大群低；阴雨天高，晴天低；夜间高，白天低。温度的变化，应根据日龄增长与气温情况逐步平稳进行，绝不可忽高忽低变化无常。开始温度较高，不能与孵化出雏的温度相差太大，否则雏鸡不适应，团缩打堆，不愿活动，更不会采食，无法正常生长。一般 1~2 日龄育雏温度（鸡背高度或网上 5 cm 高度）为 34~35 ℃，舍内温度 27~29 ℃。以后每周降低 3 ℃，到第 5 周温度降至 21 ℃左右，以后即保持这个温度。在降温的过程中一定要保持均衡降温，另外还要考虑天气情况，降温速度太慢不利于羽毛生长；降温速度太快雏鸡不适应，生长速度降低，死亡概率增加。

育雏温度是否适宜，主要看鸡群的行为表现，不能单凭温度测量，主要根据雏鸡的行为表现加以适当调整，做到"看雏施温"。

温度适宜时，雏鸡活泼好动，精神旺盛，叫声轻快，羽毛平整光滑，食欲良好，饮水适度，粪便多呈条状，饱食后休息时，在地面（网上）分布均匀，头颈伸直熟睡，无奇异状态或不安的叫声，鸡舍安静。

温度过低时，雏鸡行动缓慢，集中在热源周围或挤于一角，并发出"叽叽"叫声，生长缓慢、大小不均。严重者发生感冒或下痢致死。

温度过高时，雏鸡远离热源，精神不振，趴于地面，两翅展开，张口喘息。大量饮水，食欲减退，高温会导致热射病致雏鸡大批死亡。

二、湿度

雏鸡对湿度的要求不像温度那样严格，适应范围较大。湿度控制原则是：前高后低。一般前 10 d 的相对湿度应保持 60%~70%，后期 50%~60%。如果前期过于干燥易引起脱水，羽毛生长不良，影响采食且空气中尘土飞扬，易引发呼吸道疾病。因此应在热源处放置水盆、挂湿物或往墙上喷水等以提高湿度。后期由于日龄增长，采食量、饮水量、呼吸量和排泄量的增加，容易造成湿度过大，因而应以防潮为主。要定期打开门窗及进排气口，开动风机排出湿气。严格管理舍内用水，垫料平养要经常更换水槽周边的垫料，使其充分吸收水分，防止病原菌和寄生虫的繁殖。

同时掌握好湿度与温度的关系。防止低温高湿、高温高湿以及高温低湿带来的危害。低温高湿时，鸡舍内又潮又冷，雏鸡容易发生感冒和胃肠疾病；高温高湿时，鸡舍如同蒸笼，鸡体热不易散发，食欲减退，生长缓慢，抵抗力减弱；高温低湿时，鸡舍燥热，雏鸡体内水分大量散失、卵黄吸收不良、绒毛干枯变脆、眼睛发干，易患呼吸道疾病。

三、通风换气

由于肉鸡采用高密度饲养，生长速度快，代谢旺盛，吃食多，排泄多，易产生大量的氨气、硫化氢、二氧化碳等有害气体，造成舍内空气潮湿污浊，以致降低肉鸡的增重和饲料利用率，严重者将会影响肉鸡的健康，产生慢性缺氧性疾病，甚至引起死亡。因此通风换气，保持舍内空气新鲜格外重要。

一般情况鸡舍要求：氨气浓度不超过 0.002%，硫化氢浓度不超过 0.005%，二氧化碳浓度不超过 0.2%。可根据人的感觉来判定，即人进入鸡舍不感到憋气和刺鼻为宜。加强通风是改善舍内环境条件的主要措施。通风方式可采用活动天窗式自然通风，也可在鸡舍山墙的一侧安装排风扇进行纵向通风，降低舍内有害气体的浓度，保证空气新鲜。一般在第 1、2 周龄以保温为主，适当注意通风，3 周龄开始增加通风量，4 周龄以后以通风为主，冬季利用中午时间通风，氨气浓度过高时先升温后通风。其次，在举架高的鸡舍可采用高床网上饲养方法（网与地面距离 150 cm），拉大鸡与粪的距离，定期清理鸡粪，减轻鸡粪对舍内环境的污染。

四、光照

1. 连续光照

连续光照是肉鸡饲养的传统光照方法，其目的是让鸡最大限度地采食饲料，从而获得最高的生长速度，达到最大的出栏体重。其光照原则是时间不宜过长，光照不宜过强，只要能保证看到饲料、饮水和有足够的采食、饮水时间即可。一般是前 2 d 采用 24 h 光照，目的是使雏鸡在明亮的光线下增加运动，熟悉环境，尽早饮水、开食。3 d 后光照 23 h，1 h 黑暗，目的是适应突然停电，以免引起鸡群骚乱。从第 2 周起，白天利用自然光照，夜晚在采食和饮水时开灯。肉鸡对光照强度的要求随着日龄的增加在减弱，一般前 1 周采用较强的光照，目的是熟悉环境，有利于活动、采食和饮水，以后降低照度，限制活动量有利于增重，也可减少或防止啄癖的发生。光照控制一般是 2 m 高度吊一个加罩灯泡，灯间距 3 m，第 1 周采用 40 W 的灯泡，第 2 周以后改用 15 W 灯泡即可满足需要。这种光照方法的优点是操作简单，容易掌控。

2. 间歇光照

间歇光照是许多发达国家采用的肉鸡光照方法，我国也有部分省开展了这方面的试验，取得了较好的饲养效果。比较适合我国的间歇光照程序是：第 0~7 日龄采用连续光照，即 23 h 光照，1 h 黑暗，8 日龄后采用间歇光照，即 1 h 光照，3 h 黑暗。这种光照程序从体重上看，可使 28 日龄前鸡的生长速度减缓，但 28 日龄后的补偿生长，使肉鸡在 49 日龄出栏时体重与连续光照肉鸡的体重一样。从采食量上看，49 日龄全程耗料量低于连续光照的耗料量，从而提高了饲料利用率。从疾病方面看，间歇光照可显著降低产热量和耗氧量，而缺氧是引起腹水症的主要原因。因而间歇光照可减少缺氧性疾病的发生。还有的材料介绍，间歇光照可以降低腹脂，还可以提高氮的利用率。缺点是在开放式鸡舍操作困难。

五、密度

现代"饲养密度"的完整概念应包括三方面的内容，一是单位面积养鸡数量，二是每只鸡占的料槽位置，三是每只鸡占的水槽位置。饲养密度因饲养方式、饲养日龄不同而不同。一般地面平养0~4周龄饲养密度为每平方米20~25只；5~8周龄每平方米10~12只。网上饲养比地面平养可增加50%，笼养比地面平养增加约1倍。每只鸡占料槽位置5 cm，每只鸡占水槽位置1.5 cm。

第六节　肉鸡饲养管理要点

一、进雏前管理要点

（一）鸡舍及设备的检查、安装与维修

鸡舍应保持良好的保温性能，不透风、不漏雨、不潮湿。无论是新建鸡舍，还是养过鸡的旧舍，在进鸡之前都要对鸡舍的门窗、屋顶、墙壁等进行检查和维修，堵塞门窗缝隙鼠洞，特别注意防止"贼风"吹入。

饲养设备应充足完好。对饲养设备应进行认真的安装、检查和调试，发现有破损的及时修复或更新。尤其对破损的网垫要及时修理，以防刺伤雏鸡。网上平养要安装棚架、塑料网和护围，挂好温度计和湿度计，安装好食盘和饮水器，并且要求数量充足、高低合适、布局合理。采用保温伞育雏的将保温伞安装在适当位置，离地45 cm，伞外围60~150 cm处安装护围。护围采用镀锌钢板、胶合板、铁丝网均可。装好后，逐个检查设备的完好性，再进行反复调试。采用炉子、烟道育雏的，应事先搭好并试烧2~3 d，看其能否达到要求温度。有否倒烟、漏烟现象。如果使用排风扇、热风炉等均要事先检查，发现问题，及时维修，以免造成经济损失。

（二）鸡舍的清理与消毒

其程序是搬运、清扫、冲洗、喷洒、熏蒸。进鸡前2周，将饲养设备搬到舍外，彻底清除鸡舍粪便和垫料，并移至距鸡舍1.5 km以外的地方。清扫墙壁、天棚等处灰尘，然后用高压自来水喷雾器冲洗地面和墙壁等处和所有

饲养设备。待晾干后用2%氢氧化钠水溶液喷洒墙壁和地面，有条件的地方可用火焰消毒器消毒，把地面和墙用火烧一遍，杀死各种病原微生物。饲养设备先用消毒药水浸泡30 min，然后用清水冲洗2~3次。如果采用垫料平养，应在地面风干后铺上10 cm左右厚的新垫料。在进鸡前的5~6 d，对鸡舍、设备、用具以及垫料进行熏蒸消毒。熏蒸前要将通风口堵严，保持鸡舍密闭，熏蒸时间不可少于24 h。熏蒸方法是在鸡舍中间过道每隔10 m放一个熏蒸盆，按鸡舍每立方米用高锰酸钾21 g，福尔马林42 mL的用量，先将高锰酸钾放在熏蒸盆内，再加入等量清水，用木棒搅拌至湿润，然后，从距舍门最远端的一个熏蒸盆开始依次倒入福尔马林，操作时，速度要快，以防呛人。出门后立即把门封严，熏蒸24 h后，打开门、窗、出气孔或开动风机，将烟味排净。为提高消毒效果，最好在消毒时使鸡舍温度在20 ℃以上，相对湿度在70%左右。将消毒后的鸡舍封闭，不准随便进入，以防重新污染。

（三）预热试温

接雏前2 d要安装好育雏增温设备，并进行预热试温工作，使其达到标准要求，并检查能否恒温，以便及时调整。无论采取何种饲养方式，温度计均挂在离床面5 cm高的位置，记录舍内昼夜温度变化情况，要求舍内夜温达到32 ℃，白天温度达到31 ℃，经过2个昼夜测温，符合要求后即可放入雏鸡进行饲养。

（四）备足饲料与垫料

在进雏之前要备好整个饲养期的全部配合料，饲料的选择要注意选市场占有量大，质量信得过的产品。自行配制饲料要准备好各种饲料原料，以确保饲养期内供应及时，质量可靠。具体用料量按每只肉仔鸡全程（0~7周龄）5 kg配合饲料估算。采用垫料平养的，可根据本地实际情况选择清洁卫生、干燥柔软，灰尘少、吸水强的优质垫料，绝对禁止使用发霉的垫料。垫料的用量可按每平方米地面4~6 kg准备，以满足日常铺垫和更换使用。

（五）准备疫苗和药品

根据本批养鸡数量准备各种疫苗，通常肉仔鸡主要用鸡新城疫、法氏囊、支气管炎等疫苗，可按免疫程序准备。将购入的疫苗放在冰箱中贮藏。消毒药物常用高锰酸钾、福尔马林、来苏尔、氢氧化钠、新洁尔灭、次氯酸钠、百毒杀、乙醇、生石灰等，这些药根据其作用交替使用。此外，还要准备预防和治疗消化道、呼吸道有关疾病的常用药物。

二、雏鸡管理要点

（一）雏鸡选择

1. 品种选择

要选择生长快、成活率高、饲养时间短、饲料转化率高、品质好、屠宰后胴体美观的优良品种。目前，从国外引进的肉鸡品种有 10 余种，如艾维茵、爱拔益加（AA）、哈巴德、阿纳克、皮得森、罗斯、宝星、罗曼、明星、彼得逊等。从肉鸡饲养的生产实践来看，艾维茵和爱拔益加(AA) 肉仔鸡是最受欢迎的优良品种。它们的共同特点是，生长快，成活率高，适应性好。另外，我国地方品种肉鸡也不少，如石岐杂鸡、惠阳鸡、桃源鸡、北京油鸡、北京黄鸡、新浦东鸡、萧山鸡、庄河鸡等。这些鸡的特点是肉质鲜美、皮脆骨细、鸡味香浓，但生产性能较低。

2. 厂家选择

购买雏鸡一定从有生产经营许可证、质量信得过的种鸡场购买。这些种鸡场种鸡来源清楚，饲养管理严格，出售的雏鸡一般都是合格的。

3. 质量选择

主要通过观察外表形态，选择健康雏鸡。高质量的雏鸡应具有下列特征，大小均匀一致、反应灵敏、性情活泼、无畸形、无脐带闭合不良和脐带感染的症状。可采用"一看、二听、三摸"的方法进行。一看雏鸡的精神状态，羽毛整洁程度、喙、腿、趾是否端正，眼睛是否明亮，肛门有无白粪、脐孔愈合是否良好。二听雏鸡的叫声，健康的雏鸡叫声响亮而清脆；弱雏叫声嘶哑、微弱或鸣叫不止。三将雏鸡抓握在手中，触摸膘情，骨架发育状态，腹部大小及松软程度。健康雏鸡较重，手感有膘、饱满、有弹性、挣扎有力。

（二）雏鸡运输

雏鸡的运输也很关键，往往由于路程过长，途中照料不够，导致受热、受凉或受挤压，甚至大量雏鸡因窒息而死亡。雏鸡运输最好在出壳 24 h 内运到育雏室。雏鸡运输要选用专门的运雏箱，箱子四周要有若干面积为 1.5 cm² 左右的通气孔。运雏箱在使用前要严格消毒，并在箱底铺上 1~2 cm 厚的软垫料。每个运雏箱不能装雏过多，防止挤压造成死亡。搬运雏箱时要平起平落，用机动车运输时，行车要平稳，速度要适中，防止颠簸震动，转弯、刹车不能过急，防止摇晃、倾斜，以免雏鸡拥挤扎堆死亡。运输途中。要尽量保持运雏箱内温度恒定，冬季、早春运雏宜在白天，并用棉被、毯子等物遮盖；夏季运雏宜在早晨，要带防雨布或搭设车篷，以防雨淋、日晒。同时注意通风良好，特别注意在中间放置的雏盒，最易因高温或氧气不足而闷死鸡只，随时观察雏鸡活动、呼吸是否正常，发现问题及时采取措施，避免经济损失。

（三）雏鸡饮水

雏鸡出壳后水分散发很快，必须尽早给水，同时饮水还可以清理胃肠，排出胎粪，促进新陈代谢，加快卵黄吸收。

雏鸡的饮水原则是：时间适宜、水位充足、适时调教、水质清洁、自由饮水。一般雏鸡运到育雏舍稍微休息即可饮水，因为出雏时间需 24 h，加上长途的运输，雏鸡消耗很大，应尽早饮水。育雏第 1 周要饮温开水，水温与室温接近，保持 20 ℃左右。第 1 d 的饮水应加入浓度为 5%的葡萄糖或蔗糖，如果雏鸡脱水严重，可连饮 3 d 糖水。另外，为了减少应激，在前 1 周的水中加入多维电解质，1 周后饮清洁的凉水即可。育雏舍饮水器要充足，摆放均匀，每只鸡至少占有 2.5 cm 水位，饮水器高度要适当，水盘与鸡背等高为宜，要随鸡生长的体高而调整水盘的高度。可用木块、砖头垫起，亦可将其吊高。防止鸡脚进水盘弄脏水或弄湿垫料及绒毛，甚至淹死。对于刚到育雏舍不会饮水的雏鸡，应进行人工调教，即手握住鸡头部，将鸡嘴插入水盘强迫饮 1~2 次，这样雏鸡以后便会自己饮水了。若使用乳头饮水器时，最初可增加一些吊杯，诱鸡饮水。肉鸡的饮水要保持清洁卫生，符合畜禽饮用水标准。饮水量一定要充足，经常保持有水，随时自由饮用，绝不能间断饮水，以防造成雏鸡抢水而使一些雏鸡落入水中淹死。尤其在高温季节，更应该保持充足的饮水。饮水量随饲料量和舍温而变化，通常是饲料采食量的 2~3 倍，而舍温越高饮水量越多。

（四）雏鸡喂料

1. 开食时间

开食是指雏鸡第 1 次吃料。一般在雏鸡饮水后即可开食，这样有利于雏鸡增重。开食时间不能过晚，否则雏鸡消耗体力过多，容易导致虚弱和脱水，影响生长发育，降低成活率。

2. 开食方法

初次喂料主要训练鸡群吃料。可将饲料均匀地撒在饲料盘中或塑料布、牛皮纸上，让雏鸡自由采食。对尚不知道采食的雏鸡，应多次将其围拢到有饲料的地方，让其学着吃料。开始第 1 d 雏鸡采食量一般不太多，每只雏鸡平均吃料 4~5 g，第 2 d 吃料量就会成倍增加，发现食盘空了就要加料，一般每 2 h 给料 1 次，保证饲料充足，让其自由采食，增加采食量，促进生长发育。为了防止浪费饲料，以免加大饲料成本，肉鸡饲喂应做到定时、定量，根据鸡的不同生长发育阶段，每天最大采食量，分成几次饲喂，不可将料堆着喂，或者喂次数太少。一般 1~3 d 每 2 h 给料 1 次，夜间给料 1 次，3 d 后每昼夜 6~8 次，后期每天 3 次。在分次饲喂时注意料位、水位要充足，第 1 周每 100 只雏鸡用一个开食盘，一个 4 kg 的饮水器，1 周后每 100 只鸡需 2 个圆形料桶，2 个普拉松饮水器。并且料桶和饮水器要摆放均匀，距离要近一些，使雏鸡吃完料马上就能喝上水，另外，料桶和水桶要固定，避免鸡踩翻，造成浪费，洒水可使鸡粪潮湿，污染环境。添料速度要快，让鸡同时均匀地吃上料。

3. 饲料选择

初生雏鸡消化器官尚不发达，胃肠容积较小，开食饲料要求为营养丰富、易消化、适口性强且便于啄食的配合料。饲料颗粒要粗细适度，形态大小类似小米，有条件的可选用颗粒破碎料开食，也可用小米或玉米粉作为开食料。以后随着日龄的增长，按照不同生长发育阶段更换不同时期的配合料，以满足其生长发育需要。更换饲料应逐步更换，让鸡有个适应过程，以免因日粮突然改变而引起消化不良，影响生长发育。

4. 喂料器的调整

饲喂器因鸡的日龄不同而进行调整，雏鸡第1周用开食盘，第2周后改为喂料桶，喂料器具要充足，且高度与鸡背相同，要随着鸡生长的体高而调整喂料器的高度，这样既便于采食和减少饲料浪费，也可防止饲料污染。

（五）雏鸡管理

1. 全进全出

所谓"全进全出"就是同一栋舍内只进同一批鸡雏，饲养同1日龄鸡，采用统一的饲料，统一的免疫程序和管理措施，并且在同1 d全部出场。出场后对整体环境实行彻底清扫、清洗、消毒。由于在鸡场内不存在不同日龄鸡群的交叉感染机会，切断了传染病的流行环节，从而保证了下一批鸡群的安全生产。实践证明，采用全进全出饲养制度比在同一栋鸡舍里几种不同日龄的鸡同时存在的连续生产制增重快，耗料少，成活率高。

2. 合理分群

由于公母鸡的生理基础不同，对环境条件和营养需要也有差别，因此，在饲养过程中最好采取公母分群饲养。另外，每批鸡在饲养过程中必然会出现一些体质较弱、个体大小有差异的鸡。因此，要及时做好大小、强弱分群工作，不断剔除病、弱、残、次的鸡，根据鸡群的不同情况，区别对待，随时创造条件满足鸡的生长需要，促进鸡群的发育整齐。

3. 观察鸡群

主要观察鸡群的行为姿态是否正常，羽毛是否舒展、光润、贴身，粪便形状、颜色是否正常，呼吸姿势是否改变，用料量是否减少等以判断鸡的生长发育情况。

4. 减少残次品

要求垫料松软、网垫有弹性，减少胸囊肿的发生。定期调整料槽水槽高度，抓鸡前移走舍内设备，轻拿轻放，运输要稳，减少挫伤和骨折。

5. 卫生管理

第一，鸡舍建筑应符合卫生要求，内墙表面光滑平整，墙面不易脱落，耐磨损和不含有毒、有害物质，还应具备良好的防鼠、防虫和防鸟设施。设备应具备良好的卫生条件并适合卫生检测。第二，每批肉鸡出栏后应实施清洗、消毒和灭虫、灭鼠，消毒剂建议选择高效、低毒和低残留消毒剂；灭虫、灭鼠应选择菊酯类杀虫剂和抗凝血类杀鼠剂。第三，鸡舍清理完毕到进鸡前空舍至少 2 周，关闭并密封鸡舍防止野鸟和鼠类进入鸡舍。第四，鸡场所有入口处应加锁并设置"谢绝参观"标志。鸡场门口设消毒池和消毒间，进出车辆经过消毒池，所有进场人员要脚踏消毒池，消毒池选用 2%~5% 漂白粉澄清溶液或 2%~4% 氢氧化钠溶液，消毒液定期更换。进场车辆建议用表面活性剂消毒液进行喷雾，进场人员必须经过紫外线照射的消毒间。外来人员不应随意进出生产区，特定情况下，参观人员在淋浴和消毒后穿戴保护服才可进入。第五，工作人员要求身体健康，无人畜共患病。工作人员进鸡舍前要更换干净的工作服和工作鞋，鸡舍门口设消毒池或消毒盆供工作人员鞋消毒用。舍内要求每周至少消毒 1 次，消毒剂选用高效、无毒和腐蚀性低的消毒剂，如卤素类、表面活性剂等。

6. 合理免疫用药

肉鸡场应根据当地实际情况，有选择地进行疫病的预防接种工作，并注意选择适宜的疫苗、免疫程序和免疫方法。发生疫病或怀疑发生疫病时及时采取措施及时诊断，选择对症药品合理用药，避免滥用药物

7. 适时出栏

从肉仔鸡的绝对增重情况和饲料转化率来看，在 7 周龄左右出栏经济报酬最高。强调上市前 7 d，饲喂不含任何药物及药物添加剂的饲料，严格执行停药期，屠宰前 10 h 停止喂料。

第七节　饲养作业规范

鸡在饲养管理过程中，不同时期的饲养管理要求不同。进鸡前后不同时间点的鸡饲养管理内容、基本要求及其他要求见表5-1。

表5-1　饲养作业规范表

时间	项目	作业内容	基本要求	备注
进雏前 15 d	清理鸡舍	1. 饲养设备搬到舍外 2. 彻底清除鸡舍粪便	无鸡粪、羽毛、砖块残留	设备包括喂料桶、饮水器、塑料网、可拆除的棚架、灯泡、温度计、湿度计、煤炉、工作服等
进雏前 14 d	清洗鸡舍	1. 清扫墙壁、房顶灰尘 2. 冲洗地面和墙壁 3. 用具和设备用清水冲洗干净、晒干	地面无积水，舍内任何表面都要冲洗到无脏污物附着	干燥后方可消毒
进雏前 13 d	检修工作	维修鸡舍设备维修电灯、电路和供热设施	设备至少能保证再养一批鸡，否则应予更换	损坏的灯泡要全部更换
进雏前 12 d	治理环境	1. 清除舍外排水沟内杂物 2. 清理鸡舍四周杂草	排水畅通，不影响通风	
进雏前 11 d	室外消毒	1. 修整道路 2. 清扫院落	无鸡粪、羽毛、垃圾、凹坑	用生石灰或3%热氢氧化钠水溶液室外消毒
进雏前 10 d	鸡舍消毒准备	1. 把设备搬进鸡舍 2. 关闭门窗和通风孔		准备好消毒设备及常用的消毒药，如：过氧乙酸、1210消毒液、威岛牌消毒剂、碘王等
进雏前 9 d	鸡舍消毒	1. 喷雾消毒 2. 消毒10 h后通风	通风3~4 h后关门窗	要备用2~3种消毒药交替使用以防产生抗药性
进雏前 8 d	安装设备	1. 安装棚架、塑料网和护围 2. 挂好温度计和湿度计	无鸡粪、羽毛、砖块残留	人员入舍前应认真消毒

时间	项目	作业内容	基本要求	备注
进雏前 7 d	安装设备	1. 摆好开食盘 2. 摆放饮水器 3. 安装采暖设备（煤炉、烟囱等）	80~100 只雏鸡 1 个开食盘，70~80 只雏鸡 1 个饮水器	开食盘、饮水器交叉放置
进雏前 6 d	二次消毒（熏蒸）	1. 关闭门窗和通风孔 2. 检查温度和湿度 3. 用福尔马林、高锰酸钾熏蒸，密闭过夜	鸡舍密封，舍温 24~30 ℃，相对湿度 75%，每立方米用高锰酸钾 21 g、福尔马林 42 mL，药物采用搪瓷或陶瓷制品盛装	湿度不够，地面洒水，在舍内，每隔 10 m 放一个熏蒸盆，盆内先放好高锰酸钾，然后从距门最远端的一个熏蒸盆开始依次倒入福尔马林，速度要快，以防呛人，出门后立即把门封严
进雏前 5 d	通风	熏蒸后 24 h 打开门窗、通气孔	全部打开，充分换气	人员进入时必须穿消毒过的鞋和衣服
进雏前 4 d	关闭门窗，组织工作	1. 落实进鸡、运料、购物事宜。 2. 16:00—17:00 关上门窗	通风时间不少于 24 h	用生石灰或 3%热氢氧化钠水溶液室外消毒
进雏前 3 d	组织检查工作	1. 组织进鸡、运料事宜 2. 对上述所有工作进行检查	发现不足，立即补救	
进雏前 2 d	育雏室设备与预温	1. 每舍门口设消毒盆 2. 饲养量达 4 000 只，可用塑料布横向隔出 15 m² 作育雏室（在棚架上） 3. 冬春季夜晚开始生煤炉预温 4. 防火安全检查，检查煤炉、烟筒	棚架底到地面，上至舍顶，全部遮严，塑料布至少要两层。排除火灾隐患，防止出现漏烟、倒烟现象	消毒盆内药液要 3 d 换 1 次，要保证盆内的消毒药液有效，第 1 周育雏密度 38~40 只/m²，人员进舍要消毒
进雏前 1 d	预温及准备接雏工作	1. 夏秋季上午生煤炉 2. 防火安全检查，检查煤炉、烟筒 3. 检查鸡舍育雏范围内温、湿度 4. 准备好记录表格及接雏育雏用的其他器具 5. 准备好雏鸡料、疫苗及药物	排除火灾隐患，防止漏烟、倒烟。育雏舍温度为 31~32 ℃，湿度为 65%~70%	常备药物有：速补－14、维生素 C 及预防肠炎和呼吸道疾病药物，如肠胜将菌、喉炎泰克、恩诺沙星等

时间	项目	作业内容	基本要求	备注
1 日龄（接雏）	开饮、开食、观察、照、消毒、值班	1. 进雏前 2 h 饮水器装满温开水 2. 将雏鸡均匀放在育雏室内 3. 饮水后给料 4. 观察温、湿情况 5. 24 h 光照 6. 育雏期每 2 d 1 次带鸡喷雾消毒，喷雾要均匀 7. 夜间开始有人值班	1. 20 ℃左右温开水中加入 5%的葡萄糖，同时加速补-14 及肠道消炎药，让雏鸡自由饮用 2. 保证每只雏鸡都要饮到水，不会饮水的要人工训水 3. 每 2 h 给料 1 次、少给、勤添，不会吃料的人工训食 4. 雏鸡分布均匀 5. 通宵开灯（40 W），1 周内不要将药液喷到小鸡身上	1. 糖水量不要过多，仅够当天用量即可。 2. 训水、训食方法：轻轻敲击饮水器、食盘，也可人工抓起将鸡头轻轻按在水、食盆中，即拿出 3. 注意调整舍温，1~2 日龄 34 ℃、湿度 65%~70%，每天至少检查 8 次温度 4. 疫苗接种的前、中、后 3 d 内不带鸡消毒
2 日龄	记录工作、常规工作、检查	1. 常规管理 2. 观察雏鸡动态、采食情况、鸡粪色泽，检查温度、湿度 3. 注意通风，24 h 光照	1. 洗刷饮水器后，放入 20 ℃左右温开水 2. 开始喂雏鸡料、少给勤添 3. 雏鸡活泼好动，不扎堆，温、湿度达到管理要求	育雏第 1 周一直用 20 ℃左右温开水
3 日龄	常规管理、带鸡消毒	1.喂料、换消毒液、记录、清粪、观察鸡群、调整温度及湿度、卫生管理、自今日起光照 23 h 2.消毒同 1 日龄	保持料盘、水盘的清洁，饮水器要注意清洗消毒	温度 32 ℃，湿度 65%~70%。夜间熄灯 1 h
4 日龄	常规管理	1. 记录、检查温度，换消毒液、清粪、观察鸡群、淘汰病、死、弱雏 2. 注意煤炉、烟道及其通风	每隔 3 h 给料 1 次谨防一氧化碳中毒	同 3 日龄
5 日龄	常规管理、带鸡消毒	同 4 日龄	5~7 日龄舍温调至 30~32 ℃	湿度 65%~70%，保持到 14 日龄，以后防止湿度过大
6 日龄	常规管理、调整饲喂、设备及光照	1. 饮水中开始添加速补-14，其他工作同上 2. 撤走 1/3 开食盘。增加料桶底盘	速补-14，饮水现用现配，50 只鸡提供一个料桶底盘	

续表

时间	项目	作业内容	基本要求	备注
7 日龄	常规管理、疫苗接种、扩大育雏面积	1. 饮速补水 2. 鸡新城疫克隆 30 或 Ⅳ 系和传染性支气管炎 H120 免疫 3. 塑料棚横向扩大 2 m，封好	免疫时注意不要漏免，抓鸡要轻，待疫苗完全进入鼻孔才放开，剂量按说明，每只 1~2 滴，适当增加料桶、饮水器	雏鸡密度：35 只/m²
8 日龄	常规管理	1. 落实进鸡、运料、购物事宜。 2. 16:00—17:00 关上门窗	本周舍温逐步降至 27~29 ℃	从今天起改用井水或自来水（水质要符合标准）同人的饮水标准一样
9 日龄	常规管理、调整设施、带鸡消毒	1. 常规管理工作同上 2. 撤走开食盘，使用料桶 3. 撤走雏鸡饮水器更换成鸡饮水器 4. 带鸡喷雾消毒	大号料桶，35 只鸡提供一个，40 只鸡提供一个饮水器（盛 6 kg 水）	料桶悬挂于舍顶，饮水器放在塑料网上，6 kg 自动饮水器，从本周起每周带鸡消毒 1 次（有病期 1 d 1 次），也可根据实际情况灵活掌握
10 日龄	常规管理、加强观察	1. 常规管理同上，夜间闭灯后，细听鸡群有无呼吸异常声音	发现异常立即报告技术员	
11 日龄	常规管理	同上	加强通风	以后换气量逐渐加大
12 日龄	常规管理、调整设施	1. 常规管理同上 2. 调整料桶高度	加强通风，料桶底盘边缘与鸡背同高	随鸡龄增加，料桶高度要经常调整
13 日龄	常规管理	饮水中加速补 -14，其他工作同上	按说明，连饮 3 d，即 13~15 日龄	注意球虫病的预防，常用的球虫药有：盐霉素、抗球王、球痢灵等。为防止某种药物长期使用、蓄积而中毒、避免球虫产生耐药性，应有计划地将几种药物交替使用
14 日龄	常规管理、疫苗接种、扩大育雏面积	1. 饮速补 -14 其他工作同上 2. 停水，夏秋 2~3 h，冬春 3~4 h，再给鸡饮水，饮水中加法氏囊疫苗（用 3% 脱脂奶粉） 3. 疫苗水喝完后，洗净饮水器，继续加入速补 -14 饮水 4. 塑料横隔向后移 3 m	11：00 后清除饮水器内余水，用清水把饮水器洗净，使每只鸡都喝到疫苗，2 h 内喝完	疫苗饮水，每只鸡 20 mL 饮水量，全脂奶粉需加水煮沸，冷却后去脂皮，按 2% 加入疫苗水中，雏鸡密度 30 只/m²

时间	项目	作业内容	基本要求	备注
15日龄	常规管理	继续饮1 d速补-14水,其他工作同上	本周内舍温逐步降至24~26 ℃	
16日龄	常规管理、带鸡消毒	1. 常规管理同上 2. 消毒同9日龄	加强通风	注意粪便状况
17~18日龄	常规管理、准备工作	同上	加强通风	准备中鸡料
19日龄	常规管理、换料	1. 管理同上 2. 雏鸡饲料中混加1/4的中鸡料	饲料要混匀	自今天起至22日龄逐步把雏鸡料换成中鸡料,注意鸡只反应
20日龄	常规管理、准备扩群换料	1. 管理同上 2. 饲料中混加1/2的中鸡料 3. 准备料桶、水桶、采暖设施、预温饮水中加速补-14、维生素C,连饮3 d	摆放料桶、饮水器、放好水、料;采暖设备无故障;舍温要高于原舍温度2~3 ℃;饲料要混匀	21日龄鸡舍要全部被利用,注意调好料槽高度
21日龄	常规管理、免疫接种	1. 停水,夏秋2~3 h,春冬3~4 h 2. 免疫水中加0.3%脱脂奶粉 3. 加入新城疫疫苗(ND IV)和鸡传染性支气管炎52疫苗(IBH52) 4. 饮完疫苗水后再上含有抗应激的速补-14和维生素C饮水 5. 饲料中混加3/4中鸡料	饮水器要充足、保证有4/5的鸡同时喝到水,在2 h内要饮完	饮水量一般每只鸡按40 mL水算,饲料和饮水的前中后不要加抗病毒、抗菌药物
22日龄	常规管理、换料	1. 管理同上 2. 饮水中加速补-14和Vc 3. 饲料全部换成中鸡料 4. 调整料桶、饮水器高度	寒冷季节舍温要提高1~2 ℃,在中午进行,夏季可在上午进行	注意观察鸡群反应,鸡的采食量、饮水量及粪便等情况的变化

时间	项目	作业内容	基本要求	备注
23 日龄	常规管理、扩群、带鸡消毒	1. 拆除塑料横隔 2. 其他管理同上	扩群时，尽量减少应激，使鸡均匀布满整舍（密度 10 只/m²)	同上
24 日龄	常规管理		舍温逐渐降到 20~22 ℃，湿度控制在 55%~60%	同上
25~26 日龄	常规管理	同上	加强通风，保持舍内空气新鲜	水槽不要漏水、溢水，保持地面干燥
27 日龄	常规管理	饮用速补-14	加强通风	注意鸡只反应，今日起舍温逐步降到 21 ℃，最低不可低于 16 ℃
28 日龄	常规管理、免疫	1. 管理同上 2. 法氏囊疫苗进行第 2 次免疫、方法同 14 日龄	同上	同上
29 日龄	常规管理	继续饮 1 d 速补-14、其他工作同上	同上	同上
30~35 日龄	常规管理、带鸡消毒	随着日龄增加、环境污染日趋严重、可每周消毒 2~3 次	加强通风、夏季温度过高，要辅以风扇等降温措施、日粮中加维生素 C、维生素 E 等抗应激添加剂	冬季在保温的同时，要注意通风，防止腹水症、大肠杆菌、呼吸道病的发生
36~38 日龄	常规管理、换料、带鸡消毒	1. 管理同上 2. 用 3 d 时间由中鸡逐渐换成大鸡料 3. 37 日龄带鸡消毒	加强通风、每天换 1/3 料，料要混匀	
39~42 日龄	常规管理、称重	同上		若采用 2 kg 体重标准出栏，可参照 43~52 日龄作业规范，提前调整
43~44 日龄	常规管理、带鸡消毒	最后 1 次带鸡消毒，方法同上次		44 日龄后严禁使用任何药物

时间	项目	作业内容	基本要求	备注
45~47 日龄	常规管理、称重、联系毛鸡出栏	1. 管理同上 2. 清点所剩饲料尚可饲喂天数 3. 与现场技术人员和公司联系出鸡事宜 4. 总结本次养鸡经验，提出改进意见	剩余饲料要计算好，不可有多余量	
48 日龄	常规管理、出栏管理	1. 准备拦鸡网 2. 找好捉鸡人员 3. 控制使用饲料	不要浪费饲料	
49 日龄	出栏记录	1. 出栏时间确定后，提前 12 h 断食，悬挂或拿走料桶 2. 捉鸡前 3 h 把饮水器拿走 3. 捉鸡 4. 记录清点鸡数，完整填写记录表	送鸡时养鸡户要持准宰通知单和检疫证及饲养记录，随车同行	注意正确抓鸡姿势，防止出现捉鸡损伤，影响鸡肉品质

第六章　其他家禽饲养管理

第一节　樱桃谷SM3父母代种鸭饲养管理

一、SM3总论

SM3代表了由专门的品系组合而成的一个系列的产品。每一种产品是为满足不同的活重即不同的胴体重量的市场需求所设计的。此系列中的所有产品，父母代强壮而多产；其商品后代生长快，饲料效率高即胴体得率高。

SM3系列包括了3种不同的父母代种鸭的组合。尽管组成每一组合的公鸭和母鸭的体重会不同，但基本的管理和饲养总体上是相同的。每一父母代组合性能的详细情况的"产品规格"，可总结如下（表6-1）。

表6-1　不同型鸭父母代组合性能

产蛋情况	特大型	大型	中型
开始产蛋鸭龄（周龄）/周	26	25	25
开始产蛋母鸭体重/kg	3.55	3.20	2.68
开始产蛋公鸭体重/kg	4.25	4.25	3.65
产蛋周期/周	50	50	50
每只母鸭产蛋数/枚	253	296	296

本节从两个方面描述了SM3父母代种鸭的管理。首先总结了应该应用的管理和饲养原则。然后以鸭生活周期的角度，阐述了管理和饲养程序。父母代种鸭组合的关键技术数据，由相应的"技术数据单"提供，SM3大型父母

代种鸭技术数据见表 6-2、6-3、6-4。

表 6-2　28 天喂料计划

天数/d	温和气候喂料量/kg		炎热气候喂料量/kg	
	公鸭	母鸭	公鸭	母鸭
1	2.5	2.0	2.5	2.0
2	6.4	6.1	6.4	6.1
3	8.4	9.2	8.4	9.2
4	11.1	12.3	11.1	12.3
5	14.8	15.4	14.8	15.4
6	18.4	18.4	18.4	18.4
7	22.1	21.5	22.1	21.5
8	27.5	26.1	27.5	26.2
9	33.4	31.3	33.4	31.3
10	39.8	36.9	39.8	36.9
11	46.7	42.8	46.7	42.8
12	54.1	49.2	54.1	49.2
13	59.0	53.3	59.0	53.3
14	63.9	57.4	63.9	57.4
15	68.9	61.5	68.9	61.5
16	73.8	65.6	73.8	65.6
17	78.7	69.7	78.7	69.7
18	83.6	73.8	83.6	73.8
19	88.5	77.9	87.9	77.0
20	93.5	82.0	92.1	80.0
21	98.4	86.1	95.7	83.1
22	103.3	90.2	99.3	86.1
23	108.2	94.3	103.0	89.2

天数/d	温和气候喂料量/kg		炎热气候喂料量/kg	
	公鸭	母鸭	公鸭	母鸭
24	113.1	98.3	106.6	92.1
25	118.1	102.4	110.3	94.7
26	123	106.5	113.5	97.2
27	127.9	110.6	116.6	99.8
28	131.3	114.0	117.7	101.6

表 6-3　大型鸭生长情况

周数/周	公鸭/kg	母鸭/kg
1	0.12	0.13
2	0.37	0.35
3	0.72	0.66
4	1.14	0.99
5	1.55	1.30
6	1.90	1.54
7	2.19	1.73
8	2.44	1.90
9	2.67	2.04
10	2.88	2.18
11	3.09	2.31
12	3.27	2.43
13	3.45	2.54
14	3.58	2.63
15	3.73	2.71
16	3.86	2.79
17	3.98	2.87

周数/周	公鸭/kg	母鸭/kg
18	4.09	2.94
19	4.14	3.01
20	4.18	3.09
21	4.21	3.16
22	4.25	3.20
23	4.25	3.20
24	4.25	3.20

表 6-4 SM3 大型鸭生长期记录

周龄	死亡/只		剔除/只		总损失			现存数/kg		平均体重/kg		喂料量/kg	评价
	公鸭	母鸭	公鸭	母鸭	数量/只	占比/%	累计数/只	公鸭	母鸭	公鸭	母鸭		
1													
2													
3													
4													
5													
6													
7													
8													
9													
10													

表 6-5 SM3 大型鸭产蛋期记录

鸭场：＿＿＿＿＿＿＿＿＿＿＿＿＿＿＿＿＿ 进雏日期：＿＿＿＿＿＿＿＿＿＿＿＿＿

鸭群号码：＿＿＿＿＿＿＿＿＿＿＿＿＿＿＿ 母鸭数：＿＿＿＿＿＿＿＿＿＿＿＿＿＿＿

18 周活重：公鸭＿＿＿＿＿＿＿＿＿＿＿＿ 公鸭数：＿＿＿＿＿＿＿＿＿＿＿＿＿＿

　　　　　母鸭＿＿＿＿＿＿＿＿＿＿＿＿ 开始产蛋时间＿＿＿＿＿＿＿＿＿＿＿＿

周龄/周	产蛋周龄/周	死亡/只		剔除/只		总损失			现存数/只		已产蛋数/个	每只母鸭产蛋数/个	每只母鸭累计产蛋数/个	产蛋率/%	平均蛋重/g	给料量/kg
		♀	♂	♀	♂	数量/只	占比/%	累计数/只	♀	♂						
25	1															
26	2															
27	3															
28	4															
29	5															
30	6															
31	7															
32	8															
33	9															
34	10															
35	11															
36	12															
37	13															
38	14															
39	15															
40	16															
41	17															
42	18															
43	19															
44	20															

续表

周龄/周	产蛋周龄/周	死亡/只 ♀	死亡/只 ♂	剔除/只 ♀	剔除/只 ♂	总损失 数量/只	总损失 占比/%	总损失 累计数/只	现存数/只 ♀	现存数/只 ♂	已产蛋数/个	每只母鸭产蛋数/个	每只母鸭累计产蛋数/个	产蛋率/%	平均蛋重/g	给料量/kg
45	21															
46	22															
47	23															
48	24															
49	25															
…	…															
74	50															
合计																

二、管理饲养原则

（一）饲养父母代种鸭的鸭舍

理想的情况下，种鸭最好饲养在单一鸭龄的农场，但采用合适的管理方法，多龄农场也能取得合适的效果，种鸭可能根据不同的生长期，饲养于不同的鸭舍里，或者在整个生命期将一批种鸭饲养于同一鸭舍，用于饲养父母代种鸭的鸭舍必须能提供安全和舒适的环境，这必须考虑以下因素。

1. 场地组织

父母代种鸭的场地应尽可能地与附近其他的生产区域分开，以尽量减少疾病传染的可能性。在父母代鸭场内，隔离的最高水平是每一农场饲养同一鸭龄的种鸭，然而，这一原则虽然很理想，但不是必需的。只要管理得当，种鸭在多龄场地也能生长良好。另外，种鸭的鸭舍也可以划分为一系列不同的场地，每一阶段生产安排在不同的鸭舍里进行，鸭也可以在同一鸭舍里，从 1 日龄饲养至生产结束。

2. 鸭舍的适用性

所使用的鸭舍必须能为鸭提供舒适环境，保护鸭不被其他动物咬伤，不受恶劣气候的影响，并避免与潜在的致病菌接触。鸭舍必须根据所饲养鸭的数目，提供足够的饲养面积和通风，并且能够通过一可调节时间的仪器控制光照时间。如果用于鸭舍的建筑材料和表面材料能利于定期清洗和有效地消毒，将很有帮助。

3. 环境的舒适性

在环境温度较高的情况下，可能需要特殊的鸭舍和管理方法，以使鸭生活在舒适的温度范围内。

4. 水的提供和地面条件

作为水禽，鸭喜欢接近水，然而，如果用水管理不当，它们会造成很潮湿的环境，为了维持较好的地面状况，在鸭舍内，饮水槽应放在（育雏期后）条板或网状的饮水区域（图 6-1），通常称为饮水岛，这样能让所有的废水流走，而不至于长时间在鸭周围形成水滩。

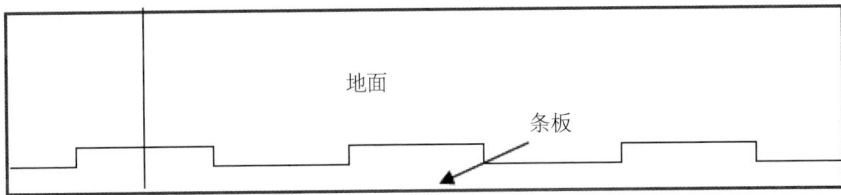

图 6-1　鸭舍地面条件示意图

另外，通往饮水岛的通道应限制少量几处，以减少鸭从饮水岛出来时弄湿垫料的区域。最后，饮水岛应用一较低的、牢固的栏板围起来，以防止水从饮水槽中飞溅到垫料上。注意：在种鸭鸭舍内，任何条或网状的区域不应超过总面积的 10%。

5. 维修

所有鸭舍中的设备都必须经常检查和维修，以防止电或水供应上的失误。定期检查饮水岛和通道斜面是否损坏，及时修理锋利的边缘，避免引起鸭脚受伤。

(二) 饲养人员

高质量的种鸭生产，需要鸭场全体职工和管理人员认真负责。所有人员都必须重视饲养管理中的每一个细节。管理人员必须保持定期检查鸭和鸭舍情况，每一个鸭群都必须有具体的饲养人员专门负责。

1. 1 日龄鸭的安置

来自樱桃谷的 1 日龄父母代种鸭，根据性别分别装箱，到达农场。将它们安置在育雏区时，母鸭可以和母鸭放在一起而公鸭必须有少量的母鸭伴随它们。交配比例一节将介绍详细情况。

2. 良好的开端

为了帮助 1 日龄鸭从运输造成的压抑中迅速恢复，在育雏器周围应为鸭提供大量的饮水（在到达后的最初 4 h 内不要喂料）。这样做的最好方法是在将 1 日龄雏鸭放入育雏栏圈时，向每只饲料盘灌入 12 mm 的水，定时添加少量至 12 mm，这样 4 h 后，饲料盘中的水用净，开始往这些料盘中添加饲料。

3. 抓鸭和处理鸭

日常的称体重和选择鸭时需要抓鸭，这需要一个抓鸭架子。用 3 段长 2.5 m，高 0.7 m 的网丝木框架制成的架子，提供一个可灵活移动的装置，可将鸭紧紧地拦住。抓 1 日龄雏鸭，如果将数只鸭一起抓，则抓它们的脖子，如果仅抓单只鸭，则轻轻地扶托着整个身体，幼鸭和成年鸭可以抓脖子和翅膀。一旦鸭充分成熟，抓翅膀是最好的方法，但需要同时用手支撑鸭身体。

注意：不要抓住、提起或握住鸭腿，鸭腿很容易受伤。在生长期内，始终在喂料前进行处理鸭的工作。在炎热气候下，鸭的搬运和处理应在一天中最凉爽的时候进行。

4. 管理控制

为了维持饲养工作和鸭舍的标准，应该执行严格的管理制度。这一制度应以一个每星期进行的标准检查程序为基础，如果发现需要处理的地方，在下周检查前，应采取措施。

（三）清洁，卫生和疾病的防治

鸭的生命力很强，然而，鸭在幼龄期很容易受感染（最初5周）。必须尽最大努力，保护它们度过这一时期，并为它们在无疾病状态提供一个良好的开端。

1. 鸭舍的清洗

至少在鸭到达农场的4周前，应对用于饲养鸭的鸭舍和饲养设备进行彻底的清洗、消毒，如果可能的话，进行熏蒸。鸭舍和设备，在鸭到达前，必须有足够的时间使其干燥。水管、饮水和喂料设备，在消毒后，必须用清洁水清洗，以免引起鸭中毒。

2. 隔离

只允许必要的访问者进入鸭场，所有必须进入鸭舍的来访人员应该在近期内未与其他生禽接触过，必须穿上保护服装；访问或饲养幼鸭的人员，无论在家或工作时，都不能与其他的家禽特别是其他的鸭相接触。

3. 垫料

经常将少量干净、干燥、松散的垫料撒在鸭舍地面上，以保持鸭的清洁和干燥，如需要，应每天撒。虽然鸭是水禽，但它们不喜欢生活在潮湿的环境中，不然其健康状况将很快变差。

4. 通风

通风是保持鸭周围环境清洁的一个重要方法。良好的通风能排出灰尘和污浊的空气，同时降低相对湿度和垫料的水分。因此，应经常调节通风设备，以保持鸭舍环境空气新鲜和干净。

氨的含量在任何时候都应保持在10 mg/L以下，氨水平可用一小型的手动测氨器测量。

5. 疫苗和药物

（1）疫苗。鸭有3种主要的疾病，为鸭病毒性肝炎、鸭病毒性肠炎、多杀巴斯德菌感染（霍乱），这3种疾病都可以通过疫苗来有效地控制。如果这些疾病在鸭饲养的地方流行，那么，应采用正规的疫苗生产厂或兽医制定的免疫程序。

注意：鸭肝炎病毒侵袭早期的幼鸭（0~5 周）。所以，在鸭到达之前，必须充分做好疫苗的准备工作。

（2）药物。通常，只在鸭出现某一具体问题时才使用药物，球虫病或肠道虫之类的情况通常不会对鸭有影响，所以不应使用日常的药物。维生素/微量元素/电解液，可以在鸭受压抑阶段，如在处理和/或在搬运鸭之前和之后使用，能帮助鸭解除压抑。在通常的饲养管理情况下，不必经常使用这些物质。

（3）一般管理。① 保持鸭舍及鸭舍周围区域干净、清洁。② 维持有效的日常害虫控制措施。③ 防止野生禽鸟进入鸭舍。④ 使用高质量的垫料、饲料和材料。⑤ 入口处，提供轮子清洁池、洗鞋池、淋浴、换衣设施、保护服装，以及消毒和清洗设备，以保证卫生消毒计划有合适的措施来实行。⑥ 竖立标志，使全体工作人员充分认识到潜在疾病的危险。

（四）交配比例

在育成期准确控制鸭体重对取得最佳的种鸭生产性能至关重要。父母代的公鸭，是从饲料效率和胴体质量的角度上，经充分选择的雄性种系，它们在潜在体重方面与母鸭体系的杂交和母鸭有很大的不同，后者是从生殖力上进行选育的品系。

为了能够尽可能准确地控制这两个明显不同系列鸭的体重，最好将公鸭和母鸭分开饲养至 18 周龄。然而，为了使公鸭有适当的"性记忆"少数的母鸭必须与公鸭饲养在一起，这些母鸭被称为"盖印母鸭"。

如果公鸭单独饲养，即使是有限的阶段，将会造成同性恋，从而使受精率下降，所以，公母鸭的比例应按如下执行：0 至 18 周时，母鸭分开饲养，公鸭方面，母鸭与公鸭饲养比例为 1：4.5；18 周至产蛋结束，将公鸭和母鸭以 1：5 的比例重新混合。

育成期内，在计算饲料时，将公鸭栏里的盖印母鸭作为公鸭处理，即栏圈里的饲料量为总的公鸭数加上盖印母鸭数乘以喂料量。

公鸭和母鸭的重新混合，可以根据鸭舍计划，在 18 周至 20 周进行。

（五）饲养面积

为每只鸭每个生活阶段所提供的饲养面积将显著地影响它所受的压抑水平，从而最终影响它的产蛋能力。鸭舍应被划分成数个大小相等的栏圈，每个栏圈大约饲养 300 只鸭。

1. 1 日龄至 7 日龄

1 日龄鸭到达后，在初始的 7 d，应该将它们饲养在育雏圈内，以便使它们接近热源，每一育雏圈，初始直径 4 m，用高 0.5~0.7 m 的柔性材料围成，这样能防止鸭受地面气流的直接影响。每个 4 m 直径的圈子能为 300 只鸭提供足够的空间。

从第 2 d 末开始，育雏圈每天用添加隔板的方式，渐渐扩大，在第 7 d，育雏圈的隔板可以移掉，让鸭可以在整个栏圈内自由活动。

2. 7 日龄至 28 日龄

在第 4 周或第 5 周，将鸭饲养面积从最低的 0.2 m²/只提高至育成期的面积 0.45 m²/只。

3. 7 周龄至 20 周龄

育成栏圈需为每只鸭至少提供 0.45 m² 的饲养面积。由于鸭体重控制是建立于每一栏圈准确的鸭数而控制喂料量，所以栏圈隔板的结实可靠性至关重要。定期检查栏圈隔板的损坏情况，如需要，立刻修理。如鸭移动到其他的栏圈，重新分栏。

4. 20 周至 75/76 周龄

产蛋栏圈应为每只鸭提供 0.55 m² 的面积。

5. 半密集饲养

在鸭舍加室外活动场地相结合饲养的情况下，室内每只鸭的面积可减少至 0.3 m²，每只鸭室外活动场地面积 0.3 m²。

6. 可利用的地面面积

必须记住，鸭舍面积的计算通常假设整个鸭舍的地面面积都用来饲养鸭。所以垫料、饲料和设备等物都不应放在鸭舍的地面而占据鸭的饲养面积。

另外，鸭舍的设计和设备的布置应考虑所有的地面面积能让鸭自由进入，并适合饲养鸭。否则，鸭所能真正使用的面积则少于所设计的面积，鸭的饲养密度就可能太高。

（六）加热

像其他的家禽一样，幼鸭在出雏后的初始几天内必须保持温暖，所需的加热量和育雏（加热）时间的长短将取决于鸭场所在地的环境温度（图6-2），点式育雏是最适合鸭的一种加热系统。它可以为鸭提供选择，可以接近热源，也可以远离热源。

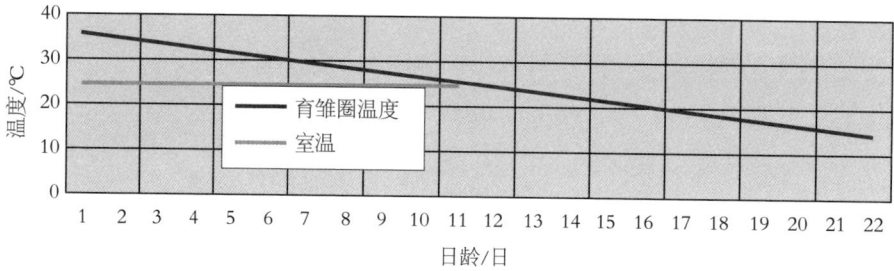

图 6-2　育雏温度

1. 设备

在较冷的气候下，建议使用加热量为5000大卡的煤气或电育雏器。

在炎热气候条件下，将4只60 W白炽灯安装在一个木制框架上，挂在育雏圈中间离地面半米高之处，可提供足够的育雏热量。

在初始几天，使用高0.5~0.7 m的结实隔板做成育雏圈，保护鸭不受气流的直接影响，并使它们接近热源、饲料和饮水，同时，让鸭有机会离开热源也很重要。

每一育雏圈饲养300只鸭。

2. 步骤

为了减少育雏时加热空气的总量，可以用塑料布将育雏所用的空间与鸭舍的其他部分隔开。

在育雏区内，建好育雏所需数目的育雏圈和育雏器。将温度计放置在鸭舍的各个位置，并且在每一育雏器的垫料上方悬挂一温度计。根据气候情况，有时需要在种鸭到达的 48 h 前，就打开育雏器，使育雏区域和鸭舍地面达到所需的温度。

在非常寒冷的气候下，可能需要提供额外的室内加热设备，以维持所需的室内温度。使用燃烧型育雏器时，维持一定程度的通风很重要，因为所产生的一氧化碳可能毒害工作人员和鸭，一氧化碳的含量可以用一小型的手动测定器测量。

在环境温度较高的地区，必须注意在育雏期间不要过分加热，使用最低量的育雏热量，为鸭提供足够的空间，能使它们离开热源。然而，需要注意在夜晚气温下降时，要留有加热余量。注意定期检查温度计。

3. 鸭的舒适度

在炎热气候条件下，通常 7 d 后就不需为鸭提供热量，而在温和气候地区，育雏期可能需要延长至 28 d。幼鸭在育雏圈内的分布，是育雏温度准确与否的合理衡量标准，然而，鸭是群居性动物，喜欢互相挤在一起，即使较热时，它们也可能成小群挤在一起，但通常这时它们会远离热源，趋于育雏圈周边。因此，以育雏器下面的温度计作为主要温度衡量标准，在自然环境温度较高的地区，保持育雏温度略低于温度图的温度。一旦鸭羽毛生长完整，便没有再加热的需要，除非鸭舍温度下降至 1 ℃以下。当温度下降到 1 ℃以下时，供水可能会冻结。在产蛋期将会严重影响鸭的产蛋性能。

（七）供水

任何时候，都应该为鸭提供易得且干净的饮水。作为水禽，鸭会消耗相当多的水，但其中的大部分不是作为饮水消耗。因此为鸭提供足够的水量非常重要，在较冷的气候下，水的用量应考虑为每只鸭每天 1.5 L，而在炎热的气候下，至少为每只鸭提供 5 L 的水量。另外，在为鸭提供大量用水的同时，还应保持鸭舍地面的干燥，必须设法保持这两方面的平衡。

1. 1 日龄至 7 日龄

鸭在育雏区内，饮水用自动饮水器，按每 100 只鸭一只饮水器（一只鸭 9.5 mm）的比例提供，另外，在最初的 3 d，应用流泉型饮水器，为鸭提供饮水加维生素和微量元素的混合液，以帮助鸭缓解旅途应激。

2. 7 日龄至 28 日龄

育雏圈拆除后，就应将饮水器逐渐移到栏圈的一边，或者移到饮水岛上。必须注意，饮水器应每次移动一小段距离，让鸭习惯了新的饮水器位置后，再作下次移动。这一点在将饮水器移动到高出地面的饮水岛上时十分重要，鸭可能需要几天的时间才能习惯。

3. 28 日龄至 75/76 周龄

为每 240 至 300 只鸭提供 2 m 长的钢质饮水槽（每个栏圈 1 只槽中每只鸭至少有 13 mm 的饮水位置）。每天至少为饮水槽清洗和换水 1 次，然后将水加至准确的水位。

在育成期内控制喂料量时，每次喂料前换水，并添加新鲜水。注意水槽放的位置，应使鸭从槽的两边都能饮水。虽然一只饮水槽能提供足够的饮水空间，但从供水的可靠程度考虑，每栏圈使用两只饮水槽更理想。

4. 游水过道

如鸭可以到室外活动，并有游水过道时，使用同样的原则：任何时候保持过道里的水稳定流动，在这种情况下，至少每周清洗并换水 1 次。如果过道水不流动，每天清洗并换水 1 次。

（八）SM3 父母代种鸭的喂料

父母代种鸭的饲料类型（表 6-5）和喂料方法，对于鸭群以后的生产性能保证是很重要的因素。

在生长期间，通过控制喂料量控制鸭的体重及其发育。如果不严格控制喂料量，产蛋量和孵化率就会受影响。

表6-5 周龄及饲料类型

周龄	饲料类型
0~8 周龄	初始料（颗粒化）
8~20 周龄	生长料（颗粒化）
20 周至产蛋结束	产蛋料（颗粒化）

1. 喂料方法

（1）0 至 28 日龄。每天为每只鸭提供定量的喂料。随着鸭生长到 16 d 后，由于喂料量在增加，所以栏圈内饲料分布的面积也应增加，即最初时饲料放在饲料盘中，但从 16 d 起撒在地面上，随着鸭对饲料竞争的加剧，饲料撒在地面的面积也应增大。

（2）28 日龄至 18 周龄。每天喂料 1 次，喂料量由鸭体重决定。这一阶段，由于喂料量的强烈限制，鸭对饲料的竞争会很激烈，为了使所有的鸭能得到同样量的饲料，必须将饲料分撒在栏圈内足够大的面积上，使所有的鸭同时进料。

鸭很善于从地面寻找饲料，即使是在很深的稻草垫料上也能找到饲料。但撒饲料的地面不应很潮湿，否则，颗粒料会很快粉化而浪费。

（3）18 周至 22 周龄。喂料方法逐渐由喂料量限制变为喂料时间限制，使鸭每天在规定的几小时内由喂料箱自由进食。

（4）22 周龄至产蛋结束。每天在规定的几小时内让鸭自由进食，允许鸭自由进食时间的长短决定了鸭群的平均蛋重，由于鸭饲养地的气候不同，喂料时间可由 6 h 变化至 24 h。

2. 喂料设备

（1）0 至 21 日龄。一套秤盘和一只提桶，称量每天的喂料量，然后将饲料放入饲料盘中，每 100 只鸭一只饲料盘（每只鸭 12.5 mm 喂料空间）。

（2）21 日龄至 18 周龄。称量每天的喂料量，将饲料撒于栏圈的地面上。所以这一阶段，喂料设备需要一套秤盘和一只提桶，在每周抽样称重时，需要称盘和抓鸭架子。

（3）从 18 周龄至产蛋结束。每 250 只鸭使用一个长 2 m、可以双边喂料的喂料箱，喂料箱应带有盖子，以控制鸭进食。

3. 喂料程序

（1）0 至 28 日龄。每天的喂料量详细列于"技术数据单"的"28 天喂料计划"一节。根据鸭饲养在温和气候还是炎热气候，每天的喂料会略有变化。第 1 d 是鸭到达的那天。所提供的喂料量是为了让鸭在生长到 28 日龄时达到一定的体重。所以准确地使用这一喂料计划非常重要。

根据鸭龄，将喂料量乘以栏圈中的现存鸭数，分别称量每一栏圈的饲料量。初始16 d，将饲料直接放入饲料盘中。16 d 后，开始将部分饲料撒在喂料盘周围，至 21 d 后，将所有的饲料撒在地面。一旦将所有的饲料撒在地面上，将喂料盘从栏圈内移走。

称量饲料和将饲料撒在每一栏圈的地面上，应是每天早上的第一件工作。鸭很善于从地面寻找颗粒饲料，即使地面铺有较厚的稻草垫料，也不会浪费饲料。饲料必须撒在栏圈内的大面积上，以使所有的鸭同时进食，这样做很重要，能使鸭群均匀地生长。

（2）28 日龄至 18 周龄。这一阶段的目标是使鸭群按"技术数据单"中所显示的"SM3 生长曲线"生长，控制体重是通过控制每天的喂料量来实现的。在整个育成期间，应尽可能使鸭体重接近目标体重。任何偏差，高于或低于目标，都将影响鸭开始产蛋的时间、产蛋量以及种蛋受精率。在 8 周龄，将饲料由初始期料变为生长期料。

检查体重。

28 d 以后，为鸭提供的喂料量，通过公母鸭的平均体重与它们各自的目标体重比较来决定。目标体重详见"技术数据单"中的"生长曲线"。为比较体重，每周必须称重 10% 的公鸭和母鸭（理想的做法是每一栏圈抽样称重10%）。体重称量应在 21 d 开始。称重必须始终在早上对鸭进行喂料之前进行。称样后，按喂料量喂料。然后计算公母鸭的平均体重，并与目标体重图进行比较。在第 21 d 进行的称重操作，是为了提供鸭体重检查过程的一个起始点，所以这次称重的结果不改变喂料量。在 28 d 的称重后，将平均体重与生长曲线作比较，选择相应栏圈今后所需的喂料量。喂料量的选择应根据实际体重和目标体重的比较关系，以及鸭群实际体重的趋势作决定。

例如：如果平均体重较轻，而且/或者增加的速度低于目标曲线，按 28 d 的喂料量喂料至 35 d；如果平均体重较重，而且/或者增加的速度高于目标曲线，按 24 d 的喂料量喂料至 35 d；如果平均体重达到目标体重，而且增加的速度与目标曲线相近，按 26 d 的喂料量喂料至 35 d。

在决定了所需的喂料量后，将喂料量乘以每一栏圈中的鸭数，计算出每一栏圈的饲料总量。每天早上的第一件工作，就是按所计算的每一栏圈的喂料量称饲料量，然后将饲料撒在栏圈的地面上，请注意，始终将饲料撒在大块地面上，使所有的鸭能同时进食。在第 35 d 的早上喂料前，再次分别称样 10% 的公鸭和母鸭。分别计算鸭群公鸭和母鸭的平均体重。分别将公、母鸭的平均体重与 SM3 生长曲线各自的目标体重比较。如果平均体重较小，增长的速度低于目标曲线，适当加大每天喂料量的增加量（10~15 g）；如果平均体重达到目标体重，增加的速度与目标曲线相近，增加少量（5 g）的每天喂料量以维持此生长速度；如果平均体重较高，增加的速度高于目标曲线，重新检查体重和上一星期所提供的喂料量。如果所有这些情况都正确，维持目前的喂料量。

将喂料量维持一段时间，而不是减少喂料量，使体重逐渐回到目标体重是较好的做法。每周继续在公、母鸭栏圈分别称样 10% 的公鸭和母鸭体重至 18 周龄。每次称重后，调整喂料量，以使母鸭体重和公鸭体重按它们各自的目标体重增长。

注意：当严格控制喂料量时，必须观察下列因素：①环境温度的变化，会增加鸭用于维持体温那部分的饲料，因而会降低用于生长的饲料；②饲料质量的变化，无论是饲料成分还是颗粒料质量，都会影响鸭所得到的营养量，从而影响其生长。即使不改变喂料量，由于上述因素，平均体重也可能变动。

严格控制体重，特别对于母鸭，是饲养早期最重要的一环。

衡量鸭群的均匀性。

保证鸭群体重的均匀性非常重要。体重的均匀性可以按以下做简单衡量：80%的鸭单体体重应落在±10%的鸭群平均体重内。单体样品的重量应每周做1次小结。如果单体样品之间的重量相差较大，有可能需要将鸭群的每只鸭根据它们的体重（按照较重、平均和较轻）进行分类，将较重和较轻的鸭分别放入不同栏圈，这样可以对较重的鸭减少喂料量，而对较轻的鸭增加喂料量，以使其平均体重回到目标体重。请记住从栏圈中移出鸭后，应相应调节饲料量。

（3）18 至 26 周龄。

在这一阶段，喂料量控制的机制，由量的控制改变为时间的控制（表6-6）。

一旦鸭达到 18 周龄，应将喂料箱，按 250 只鸭一只喂料箱的比例，放入栏圈中。

喂料箱必须带有盖子，以便能限制鸭进食。

在 18 周和 19 周之间，在将每一栏圈正常的喂料量撒在地面后，将喂料箱的盖子打开2 h让鸭自由进食 2 h。

第 2 d，将喂料量的一半集中撒在饲料箱的附近地面上，再将喂料箱盖子打开 2 h 让鸭自由进食 2 h。这个周剩下的几天，用喂料箱为鸭提供饲料，但每天仅提供 2 h，在以后的周里，按表 6-6 增加喂料时间。

在 20 周龄，将饲料由生长期饲料换为产蛋期饲料。

（4）26 周龄至产蛋结束。

在温和气候下：将喂料时间维持在 7 h 至蛋重量开始变稳定。然后根据平均蛋重，以 1 h 的增加量调节喂料时间，以使蛋重向目标蛋重90 g（中型和大型）或 93 g（特大型）靠近。

在炎热气候下：从 26 周起，以每周最多 2 h 的增加量，将喂料时间增加至 11 h。应力图使这 11 h 的喂料时间包含一天中最凉爽的阶段，即清晨，维持 11 h 的喂料时间至蛋重开始稳定，然后调节喂料时间，以使蛋重向目标蛋

表 6-6　鸭不同周龄喂料箱打开时间

周龄/周	喂料箱打开时间/h
19	4
20	6
21	7
22	7
23	7
24	7
25	7
26	7

重 86 g（中型和大型）或 89 g（特大型）靠近。

预计在炎热的地区，可能需要 24 h 的喂料时间。

注意：每周应将 100 枚蛋一起称重，计算出平均蛋重，并判断它的变化；每两周，喂料箱中的饲料，应让鸭吃空 1 次，以便有机会进行彻底的清洗，在这期间，栏圈中应提供另一喂料箱，以保证没有喂料量限制；在无法得到颗粒料的地区，可以为鸭提供糊料，然后，在喂料量控制阶段（0 至 18 周），糊料必须使用喂料槽喂料，理想情况下，喂料前将捣碎饲料与水混合，以形成黏性的糊状饲料。这两项措施都会限制饲料的浪费。

喂料槽必须保持清洁。每一栏圈中，应该放置足够的喂料槽，以提供每只鸭15.5 mm 的喂料空间，并可让鸭从喂料槽的两边进食。当使用喂料槽喂糊状饲料时，鸭不均匀的可能性可能会增加，有些鸭得到的饲料量就会比其他鸭多。

为了克服这一问题，在使用喂料槽进行糊状饲料喂料时，可以采用隔天喂料方法，是给鸭以两倍的喂料量进行隔天喂料。在喂料的这天，所有的鸭将都有机会消费大量的饲料，而在停止喂料的那天都受到高度的饲料限制。

（九）光照控制

每天鸭处于光照和黑暗的时间长短，将对它们性成熟和总的产蛋量有非常重要的影响。光照刺激和准确的体重合理结合时，能取得最大的生产效益。

1. 光照程序

须注意光照对生产性能的影响，光照程序和体重曲线是有内在的联系的。

表6-7中所列的光照程序与技术数据单上的目标体重是相联系的。

表6-7 光照程序

鸭龄	每天光照时间/h	光照强度（最低）/lx
1 日龄	23	20
2 日龄	22	20
3 日龄	21	20
4 日龄	20	20
5 日龄	19	20
6 日龄	18	20
7 日龄	17	20
8 日龄	17	20

在温和气候下，鸭光照的时间应该在4：00和21：00之间。

在炎热气候下，此程序应调整，并略微延长，将光照时间向前移，2：00开灯，20：00关灯（18 h/ d）。这一变化的目的是充分利用一天中最凉爽的时间，为喂料提供最大的机会。所以，任何变化也必须与在这些时间里饲料的可得性相符合。光照程序的变化应在18周至22周逐渐进行，以尽量避免被鸭注意到变化。

2. 设备

20 lx的光照强度，通常采用日常白炽灯，光照量7W/ m²就可以达到。

也可使用荧光灯管或灯泡进行光照。由于它们的照明功率高，每平方米只需要25%的以上标准功率。荧光灯泡比灯管好，因为其光照的均匀性较好。

在炎热气候地区，使用敞开式鸭舍，自然光照强烈而均匀，鸭舍内维持相对较高的光照强度是一合理的措施，以使鸭在人为光照时期内，得到最高水平的光刺激。

灯光系统的操作，采用 24 h 时间控制器，每一鸭舍都应有单独的时间控制器，光照时间的干扰将会对产蛋率和受精率有主要影响。所以照明系统和一台备用发电机相连接是有效的措施，以便在电力中断时，可将干扰降到最低。

（十）鸭质量

1. 死亡与剔除

在生长期和产蛋期，少量的鸭会发生死亡、鸭体受伤或畸形，这是正常现象。然而，数量应该很低。如果死亡或剔除的数量持续较高（每周高于0.25%），应对其原因作调查。鸭饲养中，应特别注意鸭腿和鸭掌的受伤情况，因为这通常表明饮水岛和/或外场地质量较差，或维修不良，这些状况应该及早改进。一旦发现受伤或畸形鸭，应尽快将它们从栏圈中移出。记录其栏圈的号码和鸭健康状况及受伤情况。将这些鸭放入一较小的隔离栏圈，单独护理饲养几天。将这些鸭从生长栏圈中移走的同时，应调整这一栏圈的喂料量。

如果鸭在两周内对治疗处理没有反应，应将它们及时处理，并在生长记录表上作记录。在生长和产蛋期，每周应对每批鸭死亡和剔除量作检查，如有任何不正常情况，应迅速调查。

2. 鸭群检查

鸭场经理（不是饲养员），应每周仔细观察鸭场的每批种鸭。在这一过程中，应检查鸭群的总体状况，羽毛的状况，鸭在栏圈内走动的灵活性，鸭大小的均匀程度，过重还是过轻，注意鸭是否有明显的问题，以及鸭舍的饲养标准。这一做法能使鸭场经理充分了解鸭的进展情况，尽可能早地发现潜在问题。

3. 选育

在 18 周龄到 20 周龄，对鸭进行喂料箱喂料后，应对鸭进行检查和清点，检查有无性别鉴定错误的情况。应首先对母鸭作检查，然后将它们均匀地分入产蛋栏圈内，再以公鸭与母鸭的比例为 1:5 放入母鸭中。在这一检查过程中，任何母鸭如显示健康不良、受伤或畸形，都应剔除，同样，只选择健康、高质量的公鸭放入母鸭栏圈内。所有被剔除的母鸭和剩余的公鸭，都应移出鸭舍，然后将它们处理，因为它们已没有任何生产价值。

注意：在生长期和产蛋期，公鸭在任何时间都不能与母鸭完全分开饲养。在公鸭栏圈中作为盖印母鸭饲养的母鸭，在选育时，应将它们均匀地分布于各产蛋栏圈。

（十一）垫料管理

在鸭舍的地面上，需要铺垫干净、干燥、松软的材料，如采用木屑、谷壳或稻草作垫料，垫料的质量对维持鸭的健康和所生产的孵化蛋的质量非常重要。特别要注意避免使用发霉的材料。

在鸭舍地面上添加新垫料的频率取决于鸭的鸭龄，气候以及所使用的饮水系统的类型。在通常环境情况下，按以下规则在鸭舍地面撒一层较薄的新鲜垫料：育雏期每周 3 次；育成期每周 3 次；产蛋期每天进行。

应特别注意产蛋巢内垫料的质量。在产蛋巢内或在栏圈地面上弄脏了的蛋，其孵化率大大低于干净的蛋。每天将新鲜垫料加入产蛋巢中，越晚加越好，这样在鸭下蛋前，弄脏产蛋巢的可能性就会减少。在产蛋期间，如发现产蛋巢特别潮湿或很脏，应将产蛋巢内所有的垫料移走，换上新鲜干净的垫料。

（十二）孵化蛋管理

1. 产蛋巢

产蛋巢应在鸭达到 22 周龄时，放入产蛋栏圈内。

理想的情况是，以每 3 只母鸭 1 个立方体产蛋巢的比例放满整个栏圈周边。

每个产蛋巢最初放上 10 cm 厚的干净和干燥的垫料，以后，将其作为垫料管理的一部分，每天添加。由于每天栏圈中添加垫料，产蛋巢将逐渐被埋没，所以必须保证每周将产蛋巢提到垫料的上部。

2. 蛋的生产

少数的蛋将会在第 23 或 24 周出现，但是只有鸭群达到 5%的产蛋量时，我们才认为是这产蛋的开始点。

在产蛋初期，相当比例的蛋会产在产蛋巢外面。随着产蛋量的增加，这一状况会很快改变。

在产蛋早期，会出现相当高比例的过大或过小的蛋。这只是鸭不成熟的表现，随着产蛋的增加，这一现象会很快过去。

这一比例的典型例子如表 6-8 所示。

表 6-8　不同周龄出现过大或过小蛋比例

周龄/周	过大或过小蛋比例/%
25	15.0
26	8.0
27	5.5
28	2.5
29	2.0
30	1.3
31	1.1
32	0.8

由于早期总的产蛋数很少，虽然过大和过小蛋的比例较高，但实际蛋数并不多。

3. 蛋的收集

蛋的收集应该是一天中第一件工作。

蛋留在产蛋巢中的时间越短，蛋就越干净，所以其被感染的可能性也就越小。

为了避免蛋的敲碎，以及细菌在蛋壳与蛋壳之间的扩散，应将鸭蛋收集在干净的塑料蛋盘上。这样蛋与蛋之间不会相互接触。蛋放在蛋盘上时应尖头朝下。然后将这些蛋盘滑放入一金属架上,以便搬运和清洗。

鸭蛋收集人员应系统地沿整个栏圈,在每个产蛋巢的垫料中,以及栏圈角落仔细寻找鸭蛋。鸭很善于隐藏蛋,所以寻找必须彻底。

当所有的蛋收集完毕,将蛋的总数记录于栏圈记录卡上,如果蛋的总数低于前1 d总蛋数的10%以上,蛋收集人员应再检查栏圈,看是否有遗漏的蛋。

经再次检查后,如果数量仍然较低,饲养人员应通知鸭场经理,以便能立刻调查产蛋量降低的原因。

将所收集的蛋的总数记录于栏圈记录卡中,以及另一单独的卡,上交给鸭场经理,另外,记录死亡和剔除的鸭数。

当每一鸭舍蛋的收集工作完毕后,将蛋运至蛋库以待清洗。防止鸭蛋遭受雨淋、高温和阳光照射。

4. 蛋的称重

每一周,对每批种鸭,应称重100枚鸭蛋。然后调整产蛋期的喂料量,使鸭蛋重量达到目标重量(表6-9)。

表6-9 不同类型的鸭在不同气候下的蛋目标重量

鸭类型	不同气候下的蛋目标重量	
	温和	炎热
特大型	93 g	89 g
大型	90 g	86 g
中型	90 g	86 g

5. 蛋的清洗

即使产蛋巢管理得很卫生,而且看起来很干净,由于蛋产在地面上,鸭蛋很容易被细菌感染。所以为了取得较好的孵化率,蛋的清洗是必需的。如果蛋的清洗不足,孵化率的降低可能高达15%。

樱桃谷推荐两种洗蛋方法。第1种是直接洗蛋(方法1),而第2种方法实际上是除去蛋壳的外膜（护膜），从而在孵化时，能增加蛋壳上的空气交换（方法2）。

虽然第2种清洗方法能使蛋的孵化率增加，特别在炎热气候下。然而，一旦护膜被去掉，蛋就会更容易受细菌的感染，所以应采取专门的措施。

为了尽量减少潜在的问题，建议农场在项目开始时使用方法1清洗鸭蛋，然后再提高到方法2。具体的方法如下。

（1）方法1：标准蛋清洗法。

所需物：清洗设备为串联式洗蛋机；清洗温度为37 ℃；清洗时间为10 min；清洗剂为氯类清洗剂；洗剂用量为足以提供 1 250 mg/L 的有效氯，对于 25% 有效氯的化学剂，洗蛋机容量为450 L，需要 2.25 kg 的化学剂以配制1 250 mg/L 的含量。

步骤。将洗蛋机充满清水过夜。洗蛋的当天早上，将水加热至 37 ℃，然后加入清洗剂。

启动循环机构，运转 1 min，以充分混合，这时清洗液应含有 1 250 mg/L 的氯，氯含量可以使用测氯分析仪进行检查，如果检查结果低于 1 250 mg/L，应添加清洗剂的量。

在检查并去除过大、过小、破碎和非常脏的蛋后，在每个架子上盖上一个盖子，将第一组蛋放入洗蛋机，启动循环系统，清洗 10 min。通常情况下，这一阶段挑选出的蛋应少于总量的 2%。

当第一组蛋在洗蛋机中清洗的同时，检查下一组需清洗的蛋，同样，去除不适合孵化的蛋。

清洗完毕，关闭循环系统，移走清洗完毕的蛋，将下一组蛋放入洗蛋机，重新定时间，清洗下一组鸭蛋。

让洗净的蛋充分干燥后，再放入储蛋室，继续按此程序清洗所有的蛋，所有的蛋清洗完毕后，排空洗蛋机内的洗液，重新加入清水，启动机器，循环 2 min 以清洗水箱，然后留在机器内待下次再用。

注意：氯具有高度腐蚀性，处置时必须多加小心，必须在通风良好，并提供保护服装的情况下使用。使用时始终遵守制造厂所建议的预防措施。使用的清洗剂应只去除蛋表面的脏物质，而不会破坏鸭蛋的外膜。

（2）方法 2：外膜去除法。

所需物：清洗设备为串联式洗蛋机+冲洗水箱；清洗温度为 38 ℃；温度为 48℃；清洗时间为 7 min；冲洗时间为 5 s；清洗剂为 12.5%次氯酸钠+碳酸钠（苏打）+四价活性消毒剂；洗剂用量为足以提供 1 250 mg/L~1 400 mg/L 的有效氯含量，pH 在 10.5~11.5，如使用 12.5%的次氯酸钠，洗蛋机容量为 450 L，则需加 4.68 L 的次氯酸钠和大约 2.75 kg 的苏打，以得到 1 300 mg/L 的有效氯含量。

步骤。将洗蛋机充满清水过夜，洗蛋当天早上，将洗蛋机内的水加热至 38 ℃，然后加入 4.68 L 浓度为 12.5%的次氯酸钠和 2.75 kg 的清洗苏打，启动循环机构，运转 1 min 使其充分混合。

这时清洗液应含有 1 300 mg/L 的氯，其 pH 为 10.5~11.5。

在第 1 次使用本方法时，或每次使用新批量的次氯酸钠时，应使用测氯分析仪或氯滴定法测定其氯含量。使用广范 pH 试纸测定其 pH。

将冲水箱的水加热至 48 ℃，为了使冲洗水干净，并且能在冲洗后蛋壳上留下一层保护层，建议冲洗水中加 0.5%的四价活性消毒剂。

在检查并去除过大、过小、破碎和非常脏的蛋后，将第一组需要清洗的蛋放入洗蛋机启动循环机构，清洗 7 min。

当第一批蛋在洗蛋机中清洗的同时，检查下一批需清洗的蛋，同样，去除任何不适合孵化的蛋。

清洗完毕，关闭循环机构，移出经清洗的蛋，然后将它们浸入冲洗水箱内冲洗，必须注意，冲洗水温要高于清洗水温。

在启动洗蛋机开始下次洗蛋前，添加 0.25~0.5 L 次氯酸钠溶液，以使清洗液回到准确的氯含量，具体的添加量将取决于前一批所清洗蛋的脏污程度。当使用新批量的次氯酸钠时，添加次氯酸钠后，应再次测量氯含量，如果氯含量低于 1 200 mg/L，则增加次氯酸钠的添加量（如以 0.5 L 的增加量代替

0.25 L 的增加量）。

将下一组需要清洗的蛋放入洗蛋机重新调整计时器，清洗鸭蛋。

每次清洗之后，添加次氯酸钠，添加的量与第 1 次清洗后的添加量相同，如果的鸭蛋在洗蛋机内破碎时，则按每 4 只蛋添加 1 次添加量的比例，额外添加次氯酸钠。

清洗后的蛋充分干燥后，再放入储蛋房。

当所有的蛋清洗完毕后，排出洗蛋机内的洗液，重新加入清水，启动机器，循环 2 min 以清洗水箱，然后留在机器内待下次再用。

注意：氯具有高度腐蚀性，处置时必须多加小心，必须在通风良好，并提供保护服装的情况下使用。使用时始终遵守制造厂所建议的预防措施。经清洗的蛋，外膜已经去除，如处理不妥，将很容易受细菌的感染。清洗后，任何时候都不允许使鸭蛋受潮，这包括，在将鸭蛋移出储蛋房时，不能让鸭蛋表面形成露水。孵化机内的湿度需增加到 32 ℃湿球温度，以维持蛋外膜去除后正确的蛋重量损失。

（十三）蛋的储藏

清洗完毕后，蛋应直接存入储蛋室，为取得高水平的孵化率，在炎热气候或一年中的高温季节，高标准地储存种蛋更是重要一环。

1. 储藏温度

在气候温和地区，蛋的储藏温度应准确地控制在 13~15 ℃。

在炎热潮湿气候下，蛋的储藏温度应提高到 18 ℃，以减少蛋在移出储蛋室时表面结露的可能性。

为了使储蛋温度均匀，储藏室内的空气应始终循环，当使用冷却机或空调将新鲜空气吹入室内时，冷空气不应直接吹在鸭蛋上，以免鸭蛋暴露在强烈的风流下。

2. 储藏湿度

储蛋室内的相对湿度应保持在 75%~80%，以减少鸭蛋的蒸发，如储蛋室内使用空调降温时，这一点更显重要，因为空调会显著地降低空气相对湿度。

3. 储藏时间

用于孵化的蛋最佳的储藏时间是 2~4 d，应避免 7 d 以上的储藏，因随着储藏时间的增长，孵化率就会显著降低。

4. 储藏卫生

鸭蛋保持干净、整洁非常重要，可使鸭蛋受到细菌污染的机会降到最低。储蛋室应该每周清洗和消毒 1 次，然而，必须注意，这一过程中应避免鸭蛋受潮。

（十四）记录

记录应准确、全面并经常进行总结改进，通过对每一群鸭保持完整的记录，其生长情况可以与以往的情况作比较，另外，记录也是在调查和解决生产问题时的"无价之宝"。

记录应同时保留数据和表格的形式，因为每一种形式可能会反映出情况的不同方面。

"技术数据单"提供了每一鸭群的总结记录单，应安排好数据的汇集，以便每周进行每一环节的记录。

1. 生长记录

关键的资料是公鸭和母鸭的平均体重、喂料量和死亡及剔除数。"技术数据单"提供了这些数据的标准指标。

2. 产蛋期记录

产蛋量、死亡及剔除数、平均蛋重、喂料时间以及相继的孵化结果，都非常重要。

同样，"技术数据单"提供了记录这些数据的表格，可与标准指标做比较。

提供栏圈记录卡，能帮助检查鸭群的进展。将卡放在栏圈里，让鸭蛋收集人员记录所收集的鸭蛋总数，并将这一总数与前几天的总数作比较，这样能很快发现生产中的显著变化。

（十五）饲养管理程序

1. 育雏期

（1）到达前 2 周。鸭舍清洗和消毒；检查准备必要的疫苗；检查航空公司和/或代理商,所有鸭到达时所需要的文件和接雏工作是否准备完毕。

(2)到达前 2 d。隔离一部分的鸭舍,作为育雏区域;建立好育雏圈栏板、加热器,必须有大量的空间能让鸭远离加热器;准备好必需的饲料和垫料;在育雏圈内撒上新鲜垫料;将鸭舍加温至育雏温度;检查所有设备的运转情况。

(3)到达当天。彻底冲洗饮水系统;调节灯光时间控制器,以提供 23 h 的光照;检查和调节育雏温度。

(4)到达时。如果必要的话,将鸭在箱子免疫,并将他们留在箱子里直至疫苗使其产生了最初的免疫力,这通常对 DVH 疫苗是必需的,留在箱子的时间需要 8~12 h。清点鸭,并进入育雏圈,首先以公鸭与母鸭为 4:1 的比例放入育雏圈,然后将母鸭放入母鸭单独的栏圈内(取决于鸭数),将喂料盘加入 12 mm 深的水;按性别记录死亡鸭数;让鸭安定下来,观察鸭,如有鸭显示对水不感兴趣,应将它们的嘴在喂料盘中浸一下,让它们习惯喝水;在放入栏圈的最初的 4 h 里,喂料盘中保持 12 mm 深的饮水。

(5)到达后 4 h(1 日龄)。按"28 天喂料计划"中的第 1 d 喂料量乘以栏圈中的鸭数,计算出每一栏圈的喂料量(根据气候选择喂料量);称量饲料,在每一栏圈的喂料盘中的水用空时,将饲料放入喂料盘;一旦鸭安定后,检查鸭在育雏圈内的分布情况,并相应调节育雏器温度。

(6)2 至 7 日龄。采用相应的每天的喂料量,计算每一栏圈的喂料量;每天饮水槽的清洗和换水;根据育雏温度图,开始降低育雏温度;从第 2 d 起,每天增加育雏圈的半径,以便在第 7 d 时为每只鸭提供 0.2 m² 的空间;每天调整 1 h 的光照时间,使光照时间从 23 h 调整至 7 d 的 17 h(4:00 至 21:00);如需要的话,在地面上撒少量的垫料,以保持地面的干燥和清洁;记录所有损失的鸭数。

(7)7 至 21 日龄。每栏圈继续按"28 天喂料计划"进行喂料,在 16~21 d 逐渐由喂料盘喂料改为地面撒;继续按育雏温度图降低育雏温度,一旦到达环境温度,拆除育雏圈;称样10%的鸭,计算公、母鸭的平均体重,并在生长图上记录；每天换水并清洗饮水槽；每天维持 17 h 的光照；如需要，向地面添加垫料以维持好的地面状况；记录损失的鸭数。

（8）21 至 28 日龄。继续根据"28 天喂料计划"进行喂料，在第 28 d 早上喂料前，分别称样10%的公、母鸭，计算它们各自的平均体重，并记录于"生长曲线"上，总结和比较第 21 d 和第 28 d 的称重结果，决定第 28 d 至 35 d 间将使用的喂料量；种鸭分布于整个育成鸭舍，每只鸭饲养面积增至 0.45 m²，将它们分布于各自的育成圈内；公鸭栏圈内，维持公鸭∶母鸭为 4∶1 的比例。母鸭饲养于单独的栏圈中；每天换水和清洗饮水槽；经常添加新鲜垫料以维持好的地面状况；记录损失的鸭数。

2. 育成期

4 至 18 周龄。每周在公鸭栏圈称样 10%的公鸭，在母鸭栏圈称样 10%的母鸭，将它们的平均体重与"生长曲线"上的目标体重相比较，调节喂料量，使体重按目标体重增加；每天称量每栏圈的喂料量，并将饲料撒于栏圈的地面上，必须让所有的鸭有同等的机会进食；在 8 周龄，将饲料由初始料改为生长期料；根据疫苗制造厂的程序进行免疫；如果鸭舍内排水设施许可，在 28 d，将自动饮水器变为槽式饮水器。每天换水和清洗饮水槽；每天维持 17 h 的光照；如有需要则向地面撒料，以保持鸭的干燥和清洁；记录平均体重、喂料量和鸭的损失数；经常检查并维修栏圈栏板。鸭在各栏圈间穿动，会影响体重的控制。

3. 产蛋前期

（1）18 周龄。进行最后 1 次称重；将喂料箱放入各栏圈内；将地面喂料方式变为每天 2 h 的喂料箱喂料。

（2）18 至 22 周龄。每周增加喂料时间，以使在 21 周龄时，喂料时间增加至 7 h，然后每天维持 7 h 喂料时间；在 20 周龄，将饲料由生长期料变为产蛋期料；在 18~20 周，清点检查鸭建立产蛋栏圈，为每只鸭提供 0.55 m² 的空间。均匀地将母鸭分入各栏圈，然后按公鸭∶母鸭为 5∶1 的比例将公鸭分入每 栏圈。每一栏圈饲养 300 只左右鸭，实际生产效果较佳；整个期间每天维持 17 h 的光照；每周检查时间器。在炎热气候下，增加 1 h 的光照至 18 h，逐渐（在 4 周时间）改变光照程序，以使光照从 2：00 开始至 20：00 结束；在 22 周，以每 3 只母鸭有 1 只产蛋巢的比例，沿栏圈的周边设立产蛋巢；每天向产蛋巢和地面撒垫料，以维持干净的环境；记录损失的鸭数。

（3）22 周至 25/26 周龄。维持喂料量、光照时间和稳定的饲养及管理水平。避免任何程序中的干扰和/或中断；记录损失数和不正常事件。

4. 产蛋期间

25/26 周至 75/76 周龄。收集和清洗蛋作为每天的第一项工作；维持 7 h 的喂料时间，使蛋重开始稳定，然后调整喂料时间，使蛋重增至 90 g（中型和大型）或 93 g（特大型）；在炎热气候，随着鸭进入产蛋期，喂料时间将需要增加至 11 h。当达到这一喂料时间时，待蛋的重量稳定后再进一步增加。以后喂料时间的增加应使蛋的重量靠近目标 86 g（中型和大型）和 89 g（特大型）；在温和气候下，维持 17 h 的光照，即 4：00 至 21：00。炎热气候下提供 18 h 的光照，即 2：00 至 20：00；每天换水和清洗饮水槽；在炎热地区，通过饮水器和游水过道的结合使用，最大限度地为鸭提供饮水空间；每天向产蛋巢和地面撒垫料。记录产蛋量、死亡/剔除数、平均蛋重和喂料时间。

（十六）总结

不同饲养阶段鸭舍、饲养面积等饲养管理要求不同，总结如下（表6-10）。

表 6-10　鸭不同饲养阶段管理要求

管理领域	饲养阶段			
	育雏 （0 至 4 周）	育成 （4 至 18 周）	产蛋前 （18 至 25/26 周）	产蛋期 （25/26 至 74/76 周）
鸭舍	良好隔离，彻底清洗和消毒。避免地面风	具有在不利气候情况下，保护鸭的基本设施，良好舒适的环境条件，足够的通风，始终提供新鲜、干净的环境 在炎热气候地区，鸭舍的设计需要特殊的考虑		

管理领域	饲养阶段			
	育雏 (0 至 4 周)	育成 (4 至 18 周)	产蛋前 (18 至 25/26 周)	产蛋期 (25/26 至 74/76 周)
饲养面积	每 300 只鸭用 1 个直径 4 m 的育雏圈，从第 2 d 起，逐渐增加育雏圈直径，在 7 日龄至 21 日龄，为每只鸭提供 0.2 m² 的饲养面积，在 28 日龄时，将每只鸭饲养面积增加到 0.45 m²	每只鸭提供 0.45 m² 的饲养面积	在 18 和 20 周龄之间，将鸭移入产蛋栏圈，将每只鸭饲养面积增加到 0.55 m²	每只鸭饲养面积 0.55 m²
加热	育雏器下方 35 ℃，在 28 d 内，逐渐将温度降低到环境温度	通常不需要人工加热	通常不需要人工加热	如果鸭舍温度低于 1 ℃，需要额外加热；在鸭舍里使用自然冷却，有助于增加鸭的产蛋能力
饮水	初始 28 d 内，为每 100 只鸭提供 1 个自动饮水器，最初的 2 d，每 100 只鸭，另加 1 个喷泉饮水器，在到达后的 4 h 内，饲料盘内加额外的水	为每 250~300 只鸭提供 1 个 2 m 长的饮水槽（至少每只鸭有长 13 mm 的饮水空间）	为每 250~300 只鸭提供 1 个 2 m 长的饮水槽（至少每只鸭有长 13 mm 的饮水空间）	为每 250~300 只鸭提供 1 个 2 m 长的饮水槽（至少每只鸭有长 13 mm 的饮水空间）
饲料类型	初始期饲料	初始期饲料喂至 8 周，然后使用生长期饲料	生长期饲料喂至 20 周，然后使用产蛋期饲料	产蛋期饲料
喂料设备	每 100 只鸭一只喂料盘，16 d 后逐渐改为地面喂料，使用秤盘称量每天的喂料量	秤盘用于每周的体重检查和称量每天的喂料量。	每 250 只鸭，一个长 2 m，两边进料的喂料箱（每鸭 16 mm 的喂料空间）。喂料箱必须带有盖子，以便控制喂料	每 250 只鸭，一个长 2 m，两边进料的喂料箱（每鸭 1 mm 的喂料空间）。喂料箱必须带有盖子，以便控制喂料

管理领域	饲养阶段			
	育雏 （0 至 4 周）	育成 （4 至 18 周）	产蛋前 （18 至 25/26 周）	产蛋期 （25/26 至 74/76 周）
喂料方法	每天按规定量喂料。在炎热气候下，在接近最初的 28 d 时，每天的喂料量略低于规定量	根据平均体重和生长期目标体重的关系，每周调整喂料量	每周增加喂料时间，以使在 21 周时，喂料时间达到每天 7 h	维持 7 h 的喂料时间至蛋重稳定，然后调节喂料时间使蛋重达到 90 g（大型和中型）或 93 g（特大型）
光照	第 1 d 光照 23 h，以后每天减少 1 h，第 7 d 时 17 h，然后每天维持 17 h 的光照时间	每天 17 h 光照，即 4:00 至 20:00	每天 17 h 光照，即 4:00 至 20:00。随着鸭接近产蛋期，夏季逐渐改变光照为 18 h（2:00~20:00）	每天 17 h 光照，即 4:00 至 20:00。夏季逐渐改变光照为 18 h（2:00~20:00）
公母比例	母鸭单独饲养。公鸭单独饲养，但每 4.5 只公鸭应伴有 1 只母鸭	母鸭单独饲养。公鸭单独饲养，但每 4.5 只公鸭应伴有 1 只母鸭	在 18 至 20 周的任一时间，以公鸭：母鸭为 1：5 的比例混合饲养	整个产蛋期，公鸭与母鸭数量比为 1：5
垫料	较薄地撒在栏圈地面上，以保持鸭舍的干燥和鸭的干净			
产蛋巢	—	—	在 22 周，按每 3 只母鸭用 1 只产蛋巢的比例提供	整个产蛋期，按每 3 只母鸭用 1 只产蛋巢的比例提供
记录	死亡数、剔除数，栏圈日常检查	死亡数、剔除数、体重、喂料量，栏圈日常检查	死亡数、剔除数，栏圈日常检查。每个产蛋栏圈的鸭数	死亡、剔除、产蛋量、喂料时间、蛋重，日常栏圈检查
总体饲养管理	鸭到达前，彻底清洗和消毒鸭舍，预先调查疾病情况，并准备好必要的疫苗，将 1 日龄鸭清点入育雏圈	特别注意体重的控制和饲料的分布，以保证鸭只个体均匀	准确清点鸭进入产蛋栏圈。在一天中最热的阶段，避免干扰鸭	小心观察每天的产蛋量。如任何一天产蛋量超过 10%，立刻调查原因。在一天中最热的阶段，避免干扰鸭

第二节　樱桃谷 SM3 商品代肉鸭饲养管理

一、樱桃谷 SM3 生产性能简介

樱桃谷 SM2/SM3 肉鸭是英国樱桃谷农场总公司以中国北京鸭为亲本，经 60 多年选育形成的超级肉鸭。其商品代肉鸭具有生长快、饲料转化率高、胴体率高等特点。2000 年香河正大与英国樱桃谷农场总公司联合成立了正大樱桃谷公司，建立了樱桃谷原种场、祖代场，引进了樱桃谷原种、祖代配套系。其商品代肉鸭的主要生产性能指标：

33~35 日龄出栏肉鸭，成活率 98%，出栏均只重 2.2 kg，料肉比 2.1∶1；46~48 日龄出栏肉鸭，成活率 96%，出栏均只重 3.5 kg，料肉比 2.7∶1。

二、鸭场建筑

（一）场址选择

要求鸭场远离村庄和畜禽场等 1000 m 以上，地势高、水源充足并符合饮用水要求、交通便利、电源稳定。

（二）鸭舍规模

确定为宽 16 m，长 100 m，墙高 2.2~2.4 m，栋存笼肉鸭 8 000~10 000只。

（三）建筑结构

确定为内抹面 37 cm 厚墙体，厚 10 cm 以上保温层、脊高 1.7~2.0 m 的双坡屋顶，5°坡度的水泥地面，间距 6 m、尺寸为 80 cm×80 cm 的排气天窗，窗台高60 cm、间距 1~1.5m、尺寸为 1.5 m×1.4 m 的上窗和 35 cm×35 cm 的地窗。

（四）设备要求

高 40~60 cm 的网隔段，自动控温的天然气灶或暖风炉，料桶、料箱和乳头式自动饮水器，风量为 6 500 m³/h 的风机等。

（五）鸭舍间距

鸭舍要求间距 10 m 以上。

（六）鸭场四周

砌隔离墙或挖防疫沟，远离鸭场 200 m 处设鸭粪处理场和病死鸭处理间。

三、肉鸭饲养管理要点

（一）饲养方式

厚垫料地面平养、全进全出。

（二）饲养密度

第 1 周 35 只/m²，第 2 周 25 只/m²，第 3 周 20 只/m²，第 4 周 15 只/m²，第 5 周 10 只/m²，第 6 周 6 只/m²，第 7 周 5 只/m²。

（三）鸭舍温度

第 1 周 35~33 ℃，第 2 周 32~26 ℃，第 3 周 25~20 ℃，第 4 周后，冬季不低于 19~12 ℃；夏季不高于 32 ℃。

（四）通风

鸭的排泄物随着鸭龄的增长而增多，鸭舍内的氨气、硫化氢和二氧化碳等有害气体会直接污染空气而影响肉鸭的生长发育，因而在饲养期内应坚持通风换气。

（1）育进雏前 3 d，一般不需要开启风机。3 d 后视舍内的空气质量、湿度决定风机的开启时间和通风模式。风机的开启时间一定要根据舍内温度的变化，开启风机后 1 h 内，温度下降 3 ℃以上，则表明风机启动的台数过多，需减少启动的风机台数。当夏季气温过高时，应开启水帘降温。不同季节的通风模式可参照表 6-11。

表 6-11　不同季节通风模式

通风模式	适用日龄/ d		
	春秋季	夏季	冬季
开启两侧塑料布间歇通风	1~3		
开启两侧进风口通风	4~10	4~7	4~15
纵向通风	11~15	8~15	

（2）育成期冬季采用横向通风，其他季节采用纵向通风，气温高于 28 ℃时应开启水帘进行通风；风机的开启次数和时间应根据气温和舍内空气质量灵活掌握。通常气温 5~20 ℃时采用自然通风，21~25 ℃时开启一组风机，26~28 ℃时开启两组风机，28 ℃以上使用水帘，开启全部风机。

（五）湿度

勤换垫料、加强通风，以保证舍内相对湿度保持在 65%~70%。凡是出现烂毛、羽毛潮湿，甚至出现宰后胴体次斑等情况时，均要考虑降低湿度。平时要经常检查水线是否有漏水现象，注意排水沟是否畅通。

（六）光照

育雏 0~3 d，连续光照以利雏鸭熟悉环境，保证生长均匀。以后每天光照 23 h，黑暗 1 h，使鸭适应停电的变化，防止挤伤。光照强度为 1 W/m²，前期可稍大一些。

（七）给料

育雏 1~3 d 必须放置足够数量的开食盘，并分布均匀，从 4 日龄开始可逐渐撤出开食盘，改用料槽。14~16 日龄雏鸭料换成鸭料，成鸭料按 1/3、1/2、2/3 的比例逐渐过渡更换，饮水中加多维饮用 2 d。

（八）进雏前的准备

鸭舍准备可按下列方法进行：① 拆除或挂起所有的饲料槽、水线和保温伞等用具；② 彻底清理鸭舍内所有的垫料和尘埃，清出的垫料要运至粪场进行无害化处理；③ 剩余的饲料必须从料箱中取出和丢弃，不要用来喂其他鸭群；④ 所有的用具设备都要彻底清洁，同时进行维修和检查；⑤ 鸭舍内所有的地方，包括饲料间、料箱及所有器具，都要用高压喷射器彻底清洗和消毒；⑥ 所有的房舍和用具都要有足够的时间在通风情况下完全干燥；⑦ 替换和安装好所有的用具设备；⑧ 在地面上铺上 5 cm 吸水性强的新垫料，垫料必须清洁、不带霉菌；⑨ 封闭鸭舍进行熏蒸 12~24 h；⑩ 鸭舍提前 1~3 d 进行预温，雏鸭到达前 2 h 配置多维、电解质、葡萄糖等作为饮用水，雏鸭运输采用保温车（温度 21~24 ℃）。

（九）育雏

采用舍内集中供暖育雏方式，即用塑料布将鸭舍的中间部分隔断，集中供暖升高温度，随雏鸭日龄增大，逐渐向两侧扩大饲养面积。

（十）饮水

配置多维、电解质、葡萄糖等饮水开饮，3 d 内全部使用饮水器，从第 4 d 开始教导鸭只熟悉使用水线，并逐渐撤出真空饮水器，至第 7 d 饮水器全部移出；此时应及时调整乳头饮水器高度并与鸭头高度保持一致。

（十一）出栏

抓鸭前 12 h 停料，但是不停水，要轻抓轻放，避免强烈刺激，每筐 6~7 只。冬季运鸭要用篷布遮盖防寒，夏季运鸭要洒水降温。

（十二）垫料的管理

鸭场使用的垫料必须是清洁、干燥、无霉变、无有毒有害物质、各种病菌含量不超过公司规定的标准（总菌数低于 $1\times10^5/g$，不含大肠杆菌、沙门菌、葡萄球菌、绿脓杆菌及霉菌），垫料须为来自非传染病疫区的合格产品。

垫料使用后其中含有大量粪便，容易造成细菌大量繁殖、产生氨气，影响舍内环境，进而导致肉鸭免疫力下降，影响其生长速度及成活率，因此在肉鸭饲养过程中必须保持垫料干燥，具体措施有：① 及时更换湿垫料，翻铺新垫料。② 保证水线不漏水、排水沟排水畅通。③ 在气温较高、湿度较低时可视情况适当加大通风量，或每隔 8~10 m 设一挡风帘，距地面高度以 1.2 m 为宜。

四、鸭场的卫生、消毒和防疫

（一）场区

鸭场场区应注意保持清洁，及时消毒。

（1）鸭场场区净路、空地、生产辅助用房及生活区每日早晚各打扫一遍，并将垃圾运至场外。

（2）场区脏道每周四打扫一遍。

（3）厕所每日用百毒杀消毒 1 次。

（4）场区内道路及空地每周五用 3%的氢氧化钠水溶液喷洒消毒 1 次。

（5）大门口消毒垫每日清洗 1 次，并及时补充消毒液以保持湿润，消毒池每 3 日更换消毒液（百毒杀溶液）。

（6）每日检查鸭场内是否存在鼠洞，并及时处理；场区环境卫生工作由场长监督执行，消毒工作由驻场兽医监督执行。

（二）生产区（鸭舍）

鸭舍尤其应注意卫生，保持清洁，按规程消毒。

（1）鸭舍门口于每日晨更换消毒液。

（2）9:00 用浸有消毒液的棉布消毒乳头饮水器。

（3）13:00 清扫采饮区。

（4）15:00 更换潮湿垫料、铺新垫料。

（5）17:00 打扫舍内及周围环境。

（6）每周一、周四 8:30 擦拭灯泡、清扫舍内灰尘及蜘蛛网，周二、周五 9:00 进行带鸭消毒。

五、鸭场日常操作程序

鸭育雏期应按以下日工作程序进行日常操作。

（一）育雏期日工作程序

（1）6:00 更换门前消毒液。

（2）7:00 开始检查室内温度，每天检查 6 次并记录，检查时间为 7:00、11:00、15:00、19:00、23:00、3:00。

（3）7:10 向料箱中投饲料。

（4）8:00 用浸有消毒水的棉布擦洗乳头饮水器，更换真空饮水器中的水，对真空饮水器进行清洗消毒。

（5）10:00 观察鸭群动态，检查栏圈有无损坏，及时修理。

（6）11:00 捡出死鸭，焚烧或深埋处理。

（7）13:00 更换潮湿垫料，铺新垫料。

（8）16:00 清理舍内卫生。

（9）20:00 认真准确填写饲养记录。

（10）夜间有人值班，做到人不离鸭，鸭不离人。

（11）每周二、周五早 7:30 带鸭消毒。

（12）周末（鸭龄）取样称重并记录。

（二）育成期日工作程序

鸭育成期应按以下日工作程序进行日常操作。

（1）6:00 更换门前消毒液。

（2）7:00 翻铺更换垫料。

（3）8:00 根据温度标准，设定通风保温系统。冬季根据温度标准使用横向通风系统，根据温度不同改变进风口大小，灵活机动掌握。

（4）8:30 向料箱中投饲料。

（5）9:00 用浸有消毒液的棉布消毒乳头饮水器。

（6）10:00 观察鸭群动态及设备用具，有问题及时处理。

（7）11:00 处理死鸭，焚烧或出场深埋处理。

（8）13:00 清扫采饮区。

（9）14:00 挑出弱鸭，隔离饲养。

（10）15:00 更换潮湿垫料、铺新垫料。

（11）17:00 打扫舍内及周围卫生。

（12）20:00 准确填写饲养记录。

（13）每周二、周五 8:30 进行带鸭消毒。

（14）周末（鸭龄）取样称重并记录。

六、鸭群观察要领

经常观察鸭群是肉鸭管理的一项重要工作，养鸭者可以随时了解鸭群的健康与采食情况，及时挑出病、弱、死鸭，以便加强管理，及早预防疾病。

（一）观察羽毛

健康鸭的羽毛平整、光滑、紧凑。羽毛蓬乱、污秽，失去光泽，多见于慢性疾病及营养不良；羽毛断落或中间折断，多见于啄羽症；幼鸭羽毛稀少，是烟酸、叶酸和泛酸缺乏的表现。

（二）观察行动、运动状态

正常情况下，雏鸭反应敏捷，精神活泼，挣扎有力，叫声洪亮而脆短，眼睛明亮有神，分布均匀，如成堆或站立不卧，闭目无神，叫声尖锐，拥挤在热源上，说明温度过低；如雏鸭张口喘气，撑翅伸脖，呼吸急促，饮水过多，远离热源，说明温度过高；雏鸭远离风口，偏向一边，说明有贼风。病鸭侧卧，头向后背，两脚痉挛性地反复蹬踏，全身不断地抽风，是小鸭病毒性肝炎所致的呼吸困难；有黏液从口和鼻中流出，不住地摇头，主要见于鸭霍乱；维生素 B2 缺乏症可导致脚趾向内弯曲，用肘关节支撑身体或伸腿侧卧；维生素 B1 缺乏可引起多发性神经炎，表现为典型的观星姿势。SM3 大型商品肉鸭饲料营养最低需求量详见表 6-12。

（三）观察粪便

正常粪便为深褐色，带有少量尿酸盐沉淀。当鸭患病时，往往排出异样粪便，如排水样稀便多由鸭舍温度过高、天气炎热，饮水过多引起；血便多见于球虫病、出血性肠炎；灰白色或绿色粪便多见于鸭瘟、鸭霍乱等病。

（四）观察腿爪

如有脚垫，多是由于垫网过硬或是温度不当引起，如环境温度过高，湿度过低易引起鸭掌干裂，若垫网有毛刺，接头间未处理以及其他易引起外伤的因素存在，则鸭只易感染葡萄球菌，引发腿病。

（五）观察饲料、饮水用量

鸭在正常情况下，采食量、饮水量保持稳定的上升过程，若发现采食量、饮水量明显下降，就是发病的前兆（注意与应激引起的相区别）。当发现部分料桶剩料过多，应注意附近鸭群是否有病鸭存在。

（六）弱、残、病鸭隔离

当发现有弱、残鸭时要将其挑出单独饲养，增加料盘及饮水器具，以提高成活率和出栏均匀度；病鸭须送往病鸭隔离间进行隔离观察，如发现有传染病鸭，要及时淘汰，不可吝惜，以防传染鸭群。

表 6-12　SM3 大型商品肉鸭饲料营养最低需求量推荐表

营养成分	初始期 1 (0~9 d)	初始期 2 (10~16 d)	生长期 (17~42 d)	最终期 (43 d 至屠宰)
代谢能量/（Rcal·kg^{-1}）	2 850	2 900	2 900	2 950
代谢能量（MJ·kg^{-1}）	11.92	12.13	12.13	12.34
蛋白质/%	22.00	20.00	18.50	17.00
总赖氨酸/%	1.35	1.17	1.00	0.88
可利用赖氨酸/%	1.15	1.00	0.85	0.75
总甲硫氨酸/%	0.50	0.47	0.42	0.42
总甲硫+胱氨酸/%	0.90	0.84	0.75	0.70
可利用甲硫+胱氨酸/%	0.80	0.75	0.66	0.66
总苏氨酸/%	0.90	0.85	0.75	0.75
总色氨酸/%	0.23	0.21	0.20	0.19
油脂（脂肪）/%	4.00	4.00	5.00	4.00
亚油酸/%	1.00	1.00	0.75	0.75
纤维素/%	4.00	4.00	4.00	4.00
钙（最低）/%	1.00	1.00	1.00	1.00
可利用磷（最低）/%	0.50	0.50	0.35	0.32
钠（最低）/%	0.20	0.18	0.18	0.18
钾（最低）/%	0.60	0.60	0.60	0.60
氯化物（最低）/%	0.20	0.18	0.17	0.16
胆碱/（g·t^{-1}）	1 500	1 500	1 500	1 500
维生素和微量元素补充	1	1	1	2

第三篇

家禽常见病防治

第七章　细菌性疾病

第一节　鸡白痢

一、病原学

沙门菌是引起鸡白痢的病原，该病原为肠杆菌科、沙门菌属、雏沙门菌。其形态与同科的大多数菌属相似，呈直杆状，（0.7~1.5）μm×（2.0~5.0）μm，革兰氏阴性，无鞭毛，不运动，在肉汤琼脂上生长贫瘠，形成较小的菌落，发酵糖类时不产气，不发酵麦芽糖，具有高度的适应性和专嗜性，对人或动物产生特定的疾病。本菌对高温的抵抗力不强，但对低温的抵抗力很强；对高锰酸钾、来苏尔、福尔马林、石炭酸等较敏感。

二、流行病学

鸡白痢是造成雏鸡死亡、成活率低的主要疾病之一。该病可垂直传播，也可水平传播，传染源主要是病鸡和带菌鸡。水平传播是指沙门菌在鸡群内和鸡群之间及养殖场间的传播，主要是被感染的鸡排出的沙门菌污染了鸡场、设备、水源、饲料。垂直传播是指种鸡或种蛋感染了沙门菌，从而将其传染给雏鸡。孵化是感染雏鸡或小母鸡的接触传播，是鸡沙门菌传染的主要途径。该病一年四季均可发生，其造成的损失与种鸡场对该病的净化程度、饲养管理水平以及防治措施有着密切联系。一般 3 周龄内的雏鸡多见发病，发病率和死亡率都较高，随着日龄的增加，鸡的抵抗力也增强，成年鸡呈慢性、隐性感染或带菌者状态，成为危险的传染源。

三、临床症状

病雏鸡精神沉郁，羽毛蓬乱，离群半蹲，呈昏睡状，饮水、采食均下降，嗉囊空无饲料，有的有气体；呼吸困难，相互扎堆，造成少数弱雏压死，极少数后期跛行；病初排含泡沫稀便，后转为白色稀便并粘连泄殖腔周围绒毛，导致病雏排便困难，可见努责、呻吟，甚至发出尖叫。3周龄以上的鸡发病后极少死亡，耐过鸡则发育不良，成为慢性病患者或带菌者。

剖检病死鸡，最明显的变化是肝脏肿大、充血、质脆易碎，有粟粒或针尖大小的灰白色坏死灶；胆囊充盈肿大；脾脏肿胀、出血；肺脏有灰白色脓性坏死灶；心脏有白色隆起的坏死灶；胃肠道浆膜面和黏膜面有大小不等的白色坏死灶；盲肠肿胀，内有干酪样坏死物。心肌较软，心尖部有刷状坏死区；个别卵黄囊吸收不良。成年公鸡的病变表现为睾丸萎缩、微脓肿，输精管增大，充满稠密的胶质渗出物。初步诊断可依据该病在不同日龄鸡群中发生的特点以及病理变化，但确诊要通过血清学或细菌学检查。

四、防治措施

(一) 检疫净化措施

对种鸡及其所产的蛋，有计划地进行检测，淘汰阳性鸡，培育无白痢种鸡群，切断垂直传播途径，逐步控制本病。目前，国内对鸡白痢的净化方法主要采取通过全血或血清玻板凝集试验，检出并淘汰带菌种鸡，首次检查于90~100日龄进行，间隔3周进行第2次检查，以后根据前期检测结果进行复查。发现阳性鸡及时淘汰，直至全群的阳性率不超过0.1%为止。并做好综合卫生防疫措施，清除传染来源，消灭鸡场内病原和杜绝病原传入3个环节。在鸡场管理方面，实行各日龄鸡分开饲养，尽可能在网上饲养雏鸡。新购入的雏鸡要进行隔离观察，不要立即混群。饲养密度要适中，不可过于拥挤。保持室内外卫生，鸡舍和用具要定期消毒。清扫出的粪便要运到远离鸡舍的地方做发酵处理。注意控制光照，鸡舍保持干燥，空气要新鲜。用全价饲料喂鸡，保证鸡对各种维生素、矿物质和微量元素的需求，以增强体质。病死鸡要进行焚烧或深埋，被病鸡污染的垫草要集中烧毁，被污染的地面要铲除表土，墙壁和围栏最好用喷灯进行高温消毒。

种鸡净化具有显著的经济效益和社会效益。通常一只祖代种鸡可影响50只父母代雏鸡，一只父母代鸡影响150只商品代雏鸡，种鸡控制的效果事半功倍。目前美国等一些国家用这种方法已基本消灭了鸡白痢。国内一些种鸡场鸡白痢净化也取得了可喜成绩。

（二）抗菌药物治疗

药物防治是控制商品鸡群发生鸡白痢病的有效手段，由于鸡白痢沙门菌对抗生素药物的敏感性在不断变化，在不同地区，不同场群的药敏情况可有很大不同，所以应经常对发病鸡进行细菌分离、鉴定并进行药敏试验，必要的药敏试验对防治效果具有重大现实性。临床上常用的抗生素有：磺胺类药物、呋喃西林、氟苯尼考、硫酸新霉素、多西环素、金霉素、环丙沙星、恩诺沙星等。药物要交替、间歇使用。同时应当注意，磺胺类药物会抑制鸡群生长、影响鸡食欲及降低产蛋率。药物治疗能减少死亡率，但不能消除带菌者和避免本病的传播，因此在孵化前消毒种蛋对控制鸡白痢有较好的效果。

（三）中草药治疗

中草药是天然药物，既可降低毒副作用又可避免药物残留，显示出极强的生命力，现已广泛应用于鸡白痢的治疗。中兽医认为，本病一是由于湿热壅滞肠道所引起的，应以清热解毒，燥湿止痢为治则；二是由于肠冷气虚，脾不健运，津液凝滞肠道引起，宜以健脾燥湿为治则。应用中的经典药方举不胜举，如干姜、苍术、苦参、石榴皮、地榆、泽泻、金银花、陈皮、白头翁等。研究人员发现，以上述药物为主制成复合中草药制剂，用于鸡白痢沙门菌人工感染鸡的预防和治疗，保护率达88%~90%，治愈率为75%~84%。

（四）疫苗预防

以疫苗接种预防鸡白痢的研究与实践多年来一直未曾间断，其间经历了灭活疫苗、自然突变或诱导突变株的筛选和以遗传工程手段构建减毒株等发展阶段，一些国家已开发出商品化的鸡白痢疫苗产品。国内潘志明等用转座突变及粗糙型变异筛选获得的97A株，该菌株能提供90%以上的免疫保护率，而且还能明显提高日增重。沙莎等使用蜂胶作为佐剂，研制出鸡白痢沙门菌蜂胶灭活菌苗的中试产品，应用后取得了一定的效果。国内部分学者对鸡白痢沙门菌脂多糖抗原的免疫机制进行了深入的研究，闫红霞等的研究表明脂多糖抗原是鸡白痢沙门菌主要的保护性抗原，免疫后可同时激活机体的细胞免疫与体液免疫（细胞免疫的激活早于体液免疫，在免疫后14~21 d逐渐产生免疫抗体），因此利用脂多糖抗原制成的亚单位疫苗也被人们寄予较大的期望。

（五）微生态制剂防治

微生态制剂是一种能够直接饲喂的微生物饲料添加剂，即将某些对动物机体健康有益的微生物饲料喂给动物，在消化道内通过竞争性排斥作用抑制病原菌，维持肠道微生物区系的平衡，帮助动物建立有利于宿主的肠道微生物区系，提高动物机体免疫能力，维持肠道内的正常菌群，促进有益菌的生长繁殖。国内外大量的研究表明，含有乳酸杆菌、双歧杆菌、枯草芽孢杆菌、地衣芽孢杆菌、噬菌蛭弧菌、放线菌等益生菌的微生态活菌制剂对治疗或预防鸡白痢沙门菌感染均有较好的效果，且无药残，不污染环境，符合生态规律，应用前景较为广阔。但微生态制剂仅在环境控制及卫生状况良好的情况下表现较好的防治作用。

（六）其他方法

根据相关研究表明，寡糖通过降低盲肠内容物pH来抑制鸡白痢沙门菌的定殖。其原理是，提高盲肠内容物乳酸的含量，可促进肠道中厌氧细菌生长，同时调整肠道微生态环境，起到防治鸡白痢沙门菌感染的作用。让雏鸡在出壳时饮用含有5种不同的寡糖的溶液，3 d后攻击鸡白痢沙门菌，10 d后扑杀、检测鸡白痢沙门菌的定居数量，结果预防组鸡白痢沙门菌的定居数量明显减少，对照组为100%。

另有部分学者发现，酸化剂对鸡白痢的防治也有较好的效果。其作用主要包括：降低胃肠道pH值，提高消化酶活性；杀菌抑菌作用；调控胃肠道微生物菌群平衡。赵淑丽等试验发现1%混合酸对鸡白痢的预防效果明显，保护率达97%。朱太其等发现，饲料中加0.4%的缓冲丙酸或0.25%的甲酸或0.36%的甲酸钙盐对白痢沙门菌有很好的预防效果。

第二节　大肠杆菌病

一、病原学

大肠埃希氏杆菌是中等大小杆菌，其大小为 $(1.0\sim3.0)$ $\mu m \times$ $(0.5\sim0.7)$ μm，有鞭毛，无芽孢，有的菌株可形成荚膜，革兰氏染色阴性，需氧或兼性厌氧，生化反应活泼、易于在普通培养基上增殖，适应性强。本菌对一般消毒剂敏感，对抗生素及磺胺类药等极易产生耐药性。根据抗原结构不同，已知大肠杆菌有菌体（O）抗原170种，表面（K）抗原近103种，鞭毛（H）抗原60种，因而构成了许多血清型。最近菌毛（F）抗原被用于血清学鉴定，最常见的血清型K88、K99，分别命名为F4和F5型。在引起人畜肠道疾病的血清型中，有肠致病性大肠杆菌（简称EPEC）、肠毒素性大肠杆菌（简称ETEC）和肠侵袭性大肠杆菌（简称EIEC）等之分，多数肠毒素性大肠杆菌都带有F抗原。在170种O型抗原血清型中约1/2对禽有致病性，但最多的是O1、O2、O78、O36 4个血清型。大肠杆菌能分解葡萄糖、麦芽糖、甘露醇、木糖、甘油、鼠李糖、山梨醇和阿拉伯糖，产酸和产气。多数菌株能发酵乳糖，有部分菌株发酵蔗糖，产生靛基质，不分解糊精、淀粉、肌醇和尿素，不产生硫化氢不液化明胶、V-P试验阴性，M.R试验阳性。

二、流行病学

鸡大肠杆菌的许多血清型可引起家畜发病。据我国多年来的实践表明，不同地区的优势血清型往往有差别，即使在同一地区，不同疫场的优势血清型也不尽相同。雏鸡对本病最易感，常发生于 1 月龄。病鸡和带菌鸡是本病的主要传染源，通过粪便排出病菌，散布于外界，污染水源等，也可经呼吸道感染，或病菌经人孵种蛋裂隙使胚胎发生感染。一般情况下，本病为生态性疾病，当饲养管理不善，如过冷过热，密度过大，粪便清理不及时，消毒不严格，通风不良，鸡舍有害气体如氨气、一氧化碳、硫化物过多，应激反应过重，营养不良，抵抗力下降及混合感染其他疫病等都可促使该病的发生。发病的主要原因包括以下几项。

1. 病原因素

一是鸡群体内有潜在的致病性大肠杆菌。雏鸡出壳后肠道内就有大肠杆菌，而鸡体肠道内正常的菌群中致病性大肠杆菌约占 10%~15%，在鸡的一生中任何时候都有可能发生大肠杆菌病。二是致病性大肠杆菌血清型多，疫苗防疫效果不理想。不同地区、不同鸡场的大肠杆菌血清型一般不同，并且同一个鸡场内往往有多个血清型大肠杆菌同时存在，不可能将很多血清型的大肠杆菌菌株放在一起制成疫苗使用，所以疫苗免疫有时效果好，有时效果差，并且无法准确把握。三是混合感染和继发感染其他鸡病。大肠杆菌极易与其他病原（如支原体）混合感染，也常常继发其他鸡病（如新城疫、传染性支气管炎等）。一旦出现这种情况，由于机体的抵抗力下降，大肠杆菌的治疗往往比较困难。四是耐药菌株增多。在实际生产中有时用药不合理，如随意加大剂量，低剂量长期使用，投药途径不当，不注意轮换用药，常造成大肠杆菌产生耐药性。

2. 管理因素

一是饲养环境条件差。环境差、密度过大、鸡舍内通风不良、氨气浓度过高等因素易造成机体抵抗力下降，环境中的大肠杆菌会乘机侵入鸡体内感染鸡体造成发病。二是应激因素。如转群、断喙、换料、气候突然发生变化、噪声等应激反应，能使鸡群抵抗力下降而感染大肠杆菌病。三是雏鸡鸡苗质量差。种蛋带菌，在孵化过程中大肠杆菌进入鸡胚而引起发病的孵化室和出雏室污染大肠杆菌，可引起雏鸡在孵化过程和出雏时感染大肠杆菌。

3. 其他因素

一是支原体的普遍存在。鸡群感染支原体后，鸡的呼吸道黏膜受到损伤，大肠杆菌便可乘虚而入。二是发生病毒性疾病。由于病毒的感染，呼吸道和消化道黏膜受到损伤，机体抵抗力下降，容易造成大肠杆菌感染。三是免疫抑制性疾病的存在。如发生法氏囊病、传染性贫血、白血病等疾病及饲喂霉变饲料，均可能降低鸡体抵抗力，从而引发该病。

三、临床症状

潜伏期从数小时至 3 d 不等。急性者体温上升，常无腹泻而突然死亡。经卵感染或在孵化后感染的鸡胚，出壳后几天内可发生大批急性死亡。慢性者呈现剧烈腹泻，粪便灰白色，有时混有血液，死前有抽搐和转圈运动，病程可拖延约 10 d，有时可见全眼球炎。成鸡感染后多表现为关节滑膜炎（翅膀下垂，不能站立）、输卵管炎和腹膜炎（症状不明显，以死亡告终）。

（1）鸡胚和雏鸡早期死亡。该病型属垂直传染，鸡胚卵黄囊是主要感染灶。鸡胚死亡发生在孵化过程，特别是孵化后期，病变卵黄呈干酪样或黄棕色水样物质，卵黄膜增厚。病雏突然死亡或表现软弱、发抖、昏睡、腹胀、畏寒聚集，下痢（白色或黄绿色），个别病雏有神经症状。病雏除有卵黄囊病变外，多数还伴随发生脐炎、心包炎及肠炎。感染鸡可能不死，常表现为卵黄吸收不良以及生长发育受阻。

（2）大肠杆菌性急性败血症。本病常引起幼雏或成鸡急性死亡。特征性病变是肝脏呈绿色和胸肌充血，肝脏边缘纯圆，外有纤维素性白色包膜。各器官呈败血症变化。也可见心包炎、腹膜炎、肠卡他性炎等病变。

（3）气囊病。气囊病主要发生于 21~84 d 幼雏，特别 21~56 d 肉仔鸡最为多见。气囊病也经常伴有心包炎、肝周炎。偶尔可见败血症、眼球炎和滑膜炎等。病鸡表现沉郁，呼吸困难，有啰音和喷嚏等症状。气囊壁增厚、混浊，有的有纤维样渗出物，并伴有纤维素性心包炎和腹膜炎等。

（4）大肠杆菌性肉芽肿病。患病鸡消瘦贫血、减食、拉稀。在肝、肠（十二指肠及盲肠）、肠系膜或心上有菜花状增生物，针头大至核桃大不等，很易与禽结核或肿瘤相混淆。3.5 心包炎大肠杆菌发生败血症时发生心包炎。心包炎常伴发心肌炎。心外膜水肿，心包囊内充满淡黄色纤维素性渗出物，心包粘连。

（5）坠卵性腹膜炎及输卵管炎，常在交配或人工授精时感染。多呈慢性经过，并伴发卵巢炎、子宫炎。母鸡减产或停产，呈直立企鹅姿势，腹下垂、恋巢、消瘦死亡。其病变与鸡白痢相似。输卵管扩张，内有干酪样团块及恶臭的渗出物为特征。

（6）关节炎及滑膜炎，多见于肩关节、膝关节。表现关节肿大，滑膜囊内含有不等量的灰白色或淡红色渗出物，关节周围充血水肿。

（7）眼球炎，是大肠杆菌败血病一种不常见的表现形式。多为一侧性的，少数为双侧性的。病初畏光、流泪、红眼，随后眼睑肿胀突起。开眼时，可见前房有黏液性脓性或干酪样分泌物。最后角膜穿孔，失明。病鸡减食或废食，经 7~10 d 衰竭死亡。镜检前眼房液中有变性的纤维素、巨噬细胞异嗜性白细胞浸润如丁忠留报道大肠杆菌可引起鸡的全眼球炎，导致鸡失明、饥饿，甚至死亡。

（8）脑炎，表现为昏睡、斜颈，歪头转圈，共济失调，抽搐，伸脖，张口呼吸，采食减少，拉稀，生长受阻，产卵显著下降。主要病变脑膜充血、出血、脑脊髓液增加。

（9）肿头综合征表现眼周围、头部、颌下、肉垂及颈部上 2/3 水肿，病鸡喷嚏并发出咯咯声，剖检可见头部、眼部、下颌及颈部皮下黄色胶样渗出。

四、防治措施

（一）优化环境

（1）选好场址和隔离饲养场址应建立在地势高、水源充足、水质良好、排水方便、远离居民区（距离最少 500 m），特别要远离其他禽场，屠宰或畜产加工厂。生产区与生产区及经营管理区分开，饲料加工、种鸡、育雏、育成鸡场及孵化厅分开（相隔 500 m）。

（2）科学饲养管理禽舍温度、湿度、密度、光照、饲料和管理均应按规定要求进行。

（3）做好禽舍空气净化。降低鸡舍内氨气等有害气体的产生和积聚是养鸡场必须采取的一项非常重要的措施。常用方法如下：① 饲料内添加复合酶制剂，如使用含有 β-葡聚糖的复合酶，每吨饲料可按 1.0 kg 添加，可长期使用；② 饲料内添加有机酸，如延胡索酸、柠檬酸、乳酸、乙酸及丙酸等；③ 微生态制剂；使用微生态制剂 A 为赐美健；微生态制剂 B 为 EM 制剂，国产商品名称为"亿安"；④ 药物喷雾，A 为过氧乙酸，常规方法是用 0.3%过氧乙酸。按 30 mL/m³ 喷雾，每 7 d 1~2 次，对发病鸡舍每天 1~2 次；B 为多聚甲醛，在 25 m² 垫料中加入 4.5 kg 多聚甲醛，它可和空气中氨中和，氨浓度很快下降到 5.0×10^{-6}，但 21 d 后又回升到 1.0×10^{-4}，此时应重新使用；⑤ 惠康宝使用，该制剂是丝兰科植物茎部提取物，主要成分是沙皂素；⑥ 寡聚糖（又称寡糖），A 为糖萜素，使用方法为蛋鸡（鸭）4.0×10^{-4}（配以 25%大蒜素 5.0×10^{-5}），肉仔鸡 $(4.0 \sim 4.5) \times 10^{-4}$，猪 $(3.0 \sim 3.5) \times 10^{-4}$ 拌料，B 为飞尔达 2 000，使用添加剂 0.1%（拌料或饮水），发病群（如 MD、ND、IB、IBD、AI）等增加 0.2%~0.5%，连用 3~5 d 后，再按 0.1%添加使用，C 为速达菌毒清，使用方法为肉仔鸡保健程序，1~10 d、21~30 d、31~40 d 及 41~50 d 各阶段饮用 4~5 d，每毫升速达菌毒清加水 1.0 kg 饮用，蛋鸡保健程序，每隔 10 d 饮水 4 d，其他同上；⑦ 机械清除，及时清粪，并堆积密封发酵，及时通风换气；⑧ 重视环境治理，饲养场地绿化，种草植树。

（二）加强消毒

种蛋孵化厅及禽舍内外环境要做到清洁卫生，并按消毒程序进行消毒，以减少种蛋、孵化和雏鸡感染大肠杆菌及其传播。防止水源和饲料污染，可使用颗粒饲料，饮水中应加酸化剂（唬利灵）或消毒剂，如含氯或含碘等消毒剂；采用乳头饮水器饮水，水槽料槽每天应清洗消毒。灭鼠、驱虫。禽舍带鸡消毒有降尘、杀菌、降温及中和有害气体作用。

（三）加强种鸡管理

及时淘汰处理病鸡进行定期预防性投药和做好病毒病、细菌病免疫。采精、输精严格消毒，每鸡使用 1 个消毒的输精管。

（四）提高禽体免疫力和抗病力

疫苗免疫可采用自家（或优势菌株）多价灭活佐剂苗。一般免疫程序为 7~15 d，25~35 d，120~140 d 各 1 次。

使用免疫促进剂如维生素 E $3.0×10^{-4}$，左旋咪唑 $2.0×10^{-4}$。维生素 C（高稳型为微囊化维生素 C）按 0.2%~0.5%拌饲或饮水；维生素 A 1.6~2.0 IU/kg 饲料拌饲；电解多维按 0.1%~0.2%饮水连用 3~5 d。亿妙灵可以用于细菌或细菌病毒混合感染的治疗，提高疫苗接种免疫效果，对抗免疫抑制和协同抗生素的治疗。使用方法为加水稀释，预防稀释比例为 1∶2000，治疗稀释比例为 1∶1 000 倍，每天 1 次，1 h 内饮完，连用 3 d（预防）或 5 d（治疗）。

做好其他常见病毒病的免疫如 ND、IB、IBD、MD 及 AI 等。

控制细菌性疾病控制好支原体，传染性鼻炎等细菌病，可做好疫苗免疫和药物预防。

（五）药物防治

1. 应做药敏试验

选择敏感药物在发病前 1~2 d 进行预防性投药，或发病后作紧急治疗。

2. 抗生素

（1）青霉素类。A 为氨苄青霉素（氨苄西林），按 0.2 g/L 饮水或按 5~10 mg/kg 拌料内服。B 为阿莫西林，按 0.2 g/L 饮水。

（2）头孢菌素类。头孢菌素类是以冠头孢菌培养得到的天然头孢菌素作原料，经半合成改造其侧链而得到的一类抗生素，常用的有 20 种，按其研发年代的先后和抗菌性能不同而分为 1~4 代。第 3 代有头孢噻肟钠（头孢氨噻肟）、头孢曲松钠（头孢三嗪）、头孢哌酮钠（头孢氧哌唑或先锋必）、头孢他啶（头孢羧甲噻肟、复达欣）、头孢唑肟（头孢去甲噻肟）、头孢克肟（世伏素，FK207）、头孢甲肟（倍司特克）、头孢木诺钠和拉氧头孢钠（羟羧氧酰胺菌素、拉他头孢）。先锋必 1.0 g 药物放入 10 L 水，饮水，连用 3 d，首次为 1.0 g 药物放入 7 L 水。八仙宝 0.5 g 药物放入 1 L 水，连用 3 d，首次为 1.0 g 药物放入 7 L 水。

（3）氨基糖苷类。庆大霉素 2~4 IU/L 饮水。卡那霉素 2 IU/L 饮水或 1~2 IU/kg 肌注，1 次/d，连用 3 d。硫酸新霉素 0.05%饮水或 0.02%拌饲。链霉素 30~120 mg/kg 饮水，13.0~55.0 g/t 拌饲，连用 3~5 d。

（4）四环素类。多西环素 0.05%~0.02%拌饲，连用 3~5 d。四环素 0.03%~0.05%拌饲，连用 3~5 d。

（5）酰胺醇类。氯霉素按 0.1%~0.2%拌饲，连用3~5 d 或按40 mg/kg 肌注。甲砜霉素按 0.01%~0.20%拌饲，连用 3~5 d。

（6）大环内酯类。红霉素 50.0~100.0 g/t 拌饲，连用 3~5 d。泰乐菌素 0.2%~0.5%拌饲，连用 3~5 d。泰妙菌素 125.0~250.0 g/t 饲料，连用 3~5 d。

3. 合成抗菌药

（1）磺胺类。磺胺嘧啶（SD）0.2%拌饲，0.1%~0.2%饮水，连用 3 d。磺胺喹恶林（SQ）0.05%~0.10%拌饲，0.025%~0.050%饮水，连用2~3 d，停 2 d，再用3 d。

（2）硝基呋喃类。呋喃唑酮 0.03%~0.04%混饲，0.01%~0.03%饮水，连用 3~5 d，一般不超过 7 d。

（3）喹诺酮类。环丙沙星、恩诺沙星、洛美沙星、氧氟沙星等，预防量为 $2.5×10^{-5}$，治疗量 $5.0×10^{-5}$，连用 3~5 d。

（4）抗感染植物药(中草药)。黄连、黄芩、黄檗、双花、白头翁、大青叶、板蓝根、穿心莲、大蒜和鱼腥草等。

第三节　禽霍乱

一、病原学

病原为多杀性巴氏杆菌。多杀性巴氏杆菌为两端钝圆、中央微凸的革兰氏阴性的需氧兼性厌氧菌，不形成芽孢，无鞭毛，无运动性。新分离的强毒菌株具有荚膜。病料组织或体液涂片用瑞氏、姬姆萨氏法或美蓝染色镜检，见菌体多呈卵圆形，两端着色深，中央部分着色较浅，很像并列的两个球菌，所以又叫两极杆菌。本菌主要以其菌体抗原和荚膜抗原区分血清型，前者分为6个型，后者分为16个型，禽类的主要是1：A，3：A和5：A，我国分离的禽多杀性巴氏杆菌以5：A为多，其次为8：A。本菌在添加血清或血液的培养基上生长良好。在血琼脂上生长良好，为灰白色、湿润、透明、边缘整齐的露珠状菌落，菌落周围不溶血；在普通琼脂上形成细小透明的露珠状菌落；在普通肉汤中，起初均匀混浊，之后形成黏性沉淀和菲薄的附壁菌膜；明胶穿刺培养，沿穿刺孔呈线状生长，上粗下细。

本菌对外界抵抗力不强。阳光照射、干燥、加热、一般消毒药容易将其杀死。普通消毒药常用浓度对本菌都有良好的消毒力，1%石炭酸、1%漂白粉、5%石灰乳、0.02%升汞液在数分钟内均可将其杀死。

二、流行病学

禽霍乱多发生于鸡、火鸡、鸭和鹅，但该病也感染其他禽类，如动物园饲养的鸟、捕获饲养的野禽、宠物鸟和其他野生鸟类。家禽中以火鸡最易感，感染后大部分火鸡会在几天内死亡，甚至全部死亡。雏鸡对巴氏杆菌病有一定的抵抗力，3~4月龄的鸡和成年鸡较容易感染。

禽霍乱的传染途径主要是呼吸道、消化道黏膜或皮肤外伤。病鸡的尸体、粪便、分泌物和被污染的料槽、饮水管、饲料、土壤等是传染的主要媒介，尤其是在鸡群密度过大、舍内通风不良以及尘土飞扬的情况下，通过呼吸道传染的可能性更大，吸血昆虫、苍蝇、猫、鼠也可能成为传染的媒介。

禽霍乱一年四季均可发生和流行，但在高温、潮湿、多雨的夏、秋季节，以及气候多变的春季最容易发生。禽霍乱的发生可因从外购入病禽或处于潜伏期的家禽引起，有时也可自然发生。禽霍乱的病原体是一种条件性致病菌，某些健康鸡的呼吸道存在该菌，当饲养管理不当，鸡舍阴暗潮湿拥挤，天气突然变化，营养不良，维生素、矿物质和蛋白质缺乏时，以及长途运输，有其他疾病等不利因素的影响下，鸡体抵抗力降低，细菌毒力增强时即可发病。特别是当有新鸡转入带菌鸡群，或者把带菌鸡调入其他鸡群时，更容易引起本病的发生。

三、临床症状

由于病原体的毒力和鸡体的抵抗力不同，禽霍乱的临床症状也表现不同。一是最急性型，最急性型病鸡无任何症状而突然死亡。有时正在进行采食、饮水等正常活动，突然倒地，扑动翅膀，挣扎几下很快死亡。多数在前天晚上关灯前还很正常，第 2 d 早晨却已经死亡。死亡鸡通常肥胖，鸡冠发绀，输卵管内有硬壳鸡蛋未产出。二是急性型，急性型病禽缩颈闭目，呼吸时发出咯咯声，有严重的下痢症状，鸡冠、肉髯发紫并张口呼吸，不断摇头，故本病又有"摇头瘟"之称。三是慢性型，多见于流行后期。以慢性肺炎、慢性呼吸道炎症和慢性胃肠炎较多见。可见肉髯显著肿大、关节肿胀、跛行。部分病鸡出现耳部或头部病变。病程可拖至一个月以上，生长发育和产蛋长期不能恢复。

最急性型死亡的病鸡没有特殊病变，有时能看到心外膜有少量出血点。急性型的病禽在腹腔浆膜表面和脂肪有瘀斑和出血点，最明显的是心脏表面、肺、十二指肠，肝脏表面有灰白色的局部坏死区，在产蛋鸡的卵巢中，用肉眼可以看到卵泡的形状发生了变化，而且位于病变鸡卵巢表面的血管很模糊。对病鸡的血液和病变组织进行观察，我们在显微镜下，可以观察到有许许多多的细菌。慢性型病禽多数是某些器官的病变。当主要病变表现在呼吸道的时候，尤其对于鼻腔、支气管，它们内部黏性分泌物就会增加很多。病变的关节肿大、变形，有浑浊渗出物。慢性感染的蛋鸡能看到卵黄破裂，卵巢出血，卵黄样物质在腹腔器官表面。

四、防治措施

禽霍乱是家禽的一种常见急性传染病，对该病应以预防为主，目前预防以抗生素为主，使用疫苗的养殖场不多。而大量的抗生素的使用，易造成抗药性，还对家禽的泌尿系统产生副作用。根据禽霍乱的传播特点，第一，家禽养殖场应加强饲料管理，每天要按时、按点、适量饲喂，更换饲料要逐渐进行，且饲养密度要适宜；第二，是在引种时要严格检疫，且新引进的种禽应隔离单独饲养两周，防止带入此病；第三，从育雏到上市应当采用全进全出的饲养管理模式，尽量减少疾病的发生；第四，尽可能消除可能降低抵抗力的各种因素，如长途运输、过分挤压、透气差、空气污浊、阴雨潮湿、天气突变、禽舍潮湿、高温、寒冷、转群及惊群等；第五，做好药物预防工作，可在禽霍乱多发季用氟哌酸（诺氟沙星）、恩诺沙星等药物预防；第六，饲养人员要固定，在出入禽舍时要更衣、换鞋和洗手；第七，做好养殖场卫生。在发病地区及时进行预防注射，以防止该病的大规模流行。

在疫情发生区，立即封锁养殖区，用 10%的新鲜石灰乳稀释后对养殖场进行消毒，并对未染病的健康家禽，可以在其饲料中添加 0.05%~0.10%的土霉素粉，连续饲喂 3~4 d，并在其饮用水中适当添加多种维生素，以提高其免疫力，或者紧急注射禽出败抗血清，超过 3 月龄的家禽用氢氧化铝菌苗等进行预防接种，免疫力可在 7 d 后产生，其免疫期为 6 个月。也要加强应急处理，疫情严重时要按照《中华人民共和国动物防疫法》，扑杀患病家禽以及同群家禽，并深埋或焚烧处理，对已排出的粪便要进行堆积无害化处理，禽舍、场地及用具都要彻底消毒，尽快扑灭疫情。

治疗禽霍乱的药物很多，有效的治疗必须结合本场养殖环境、饲料配方、饲养管理水平、无公害畜产品的养殖规程及以往的用药情况，选择有效的药物。大群治疗时，可将药物投放在饮水或饲料中进行给药，也可以进行联合给药提高抗生素的作用。对曾发生过禽霍乱的鸡场，应进行预防接种。

第四节 鸡传染性鼻炎

一、病原学

鸡传染性鼻炎是临床上常见的鸡呼吸系统传染病之一，对雏鸡的生长发育和母鸡的产蛋均有影响，对开产鸡的产蛋影响更为明显。该病的病原体是副鸡嗜血杆菌，为革兰氏阴性的小球杆菌，两极染色，不形成芽孢无荚膜和鞭毛，不能运动。24 h 的培养物，菌体为杆状或球杆状，并有成丝的倾向。培养 48~60 h 后发生退化，出现碎片和不规则的形态此时将其移到新鲜培养基上可恢复典型的杆状或球杆状。

二、流行病学

鸡传染性鼻炎的流行无明显季节性，一年四季均可发生，但冬春季多发。病鸡及带菌鸡的分泌物、排泄物等均可成为传染源，不同品种、日龄的鸡均易感，其中以青年鸡以上最易感、病死率高，是重点防范对象，雏鸡则稍有抵抗力，老龄鸡感染较为严重，鸡日龄越大，越易感染，肉鸡鲜有发病报道，在流行地区，雏鸡感染日龄越来越低，肉鸡也有发病案例。

三、临床症状

病初，病鸡无明显症状，仅见鼻孔中有稀薄的水样鼻液，打喷嚏。后期鼻腔内流出浆液性或黏液状分泌物，逐渐变浓稠，常在鼻孔处形成结痂，堵塞鼻孔。病鸡面部发炎，眼肿胀流泪，脸部浮肿性肿胀，结膜炎面部肿胀严重的病例，泪水使眼睑胶着，引起一时性失明。严重者炎症蔓延到气管及支气管和肺部，气管内有分泌物，喉部肿胀，引起呼吸困难和啰音，病鸡精神不振，食欲减少，母鸡产蛋量下降，公鸡肉髯肿大。病鸡腹泻，排绿色粪便，肉髯肿大，青年鸡下颊或咽喉部浮肿，母鸡产蛋减少或中止。鸡群自然感染后的潜伏期较短，通常为 1~3 d，死亡率约为 2%~20%，如有并发症，死亡率较高。

病鸡的鼻腔出现了炎症，也出现了鼻腔黏膜充血的情况，在黏膜表面还会积聚大量的黏液。病鸡的皮下组织出现了水肿的情况，在切开病鸡脸部肿胀的部位时，就会发现一种黄色干酪样的物体。将病鸡的气管切开之后，会发现病鸡的咽部出血是比较严重的，气管内部存在很多的炎性黏液，黏液会堵塞住病鸡咽喉部。病鸡随着病情的加重，传染性鼻炎会演变为气囊炎甚至是肺炎，造成病鸡的死亡。病鸡肺部的淤血增多，腹部气囊明显增厚。对于患病时间较长的病鸡来说，在病鸡的眶下窦和鼻窦处发现部分黄色干酪样的物质，时间长了就会使得病鸡眼球向外突出，甚至会造成病鸡失明。产蛋母鸡输卵管中有干酪样分泌物，卵巢萎缩，坏死。内脏无明显的病理变化。

四、防治措施

（一）加强日常管理，提高鸡群体质

鸡传染性鼻炎的发病大多数是有诱发因素的，如环境因素中的突然降温、鸡舍通风不良等。因此，加强饲养管理控制诱因发生对预防传染性鼻炎很重要。生产中要及时清扫鸡舍内外的粪便、羽毛及其他异物，并对鸡舍周围空闲的鸡舍彻底清扫和清理，用 3%氢氧化钠溶液、2%次氯酸钠、0.3%过氧乙酸等轮换对鸡舍进行消毒，并用 0.3%过氧乙酸、百毒杀等带鸡喷雾消毒。同时，饲养中供给营养丰富的饲料和干净充足的饮水，控制好饲养密度，保持鸡舍的干燥卫生，加强保暖和通风，减少舍内有害气体对鸡群的影响，同时严格管理外来人员出入场区，并对出入人员和车辆进行严格消毒。注重环境控制，通过降低饲养密度，改善鸡舍环境，注意通风和保温，必要时可在舍内加温，也要保持通风，定期排气，降低氨气浓度，减轻对呼吸道黏膜的刺激。采用优质全价饲料减少应激因素，满足鸡生长综合要求，能够激发和提高鸡群生产性能和体质。

（二）免疫接种

疫区可以采用疫苗免疫接种来预防，中国常用的是含 A、C 两个血清型的疫苗。一般接种疫苗后 2 周开始出现免疫力，5 周左右免疫水平达到高峰，然后缓慢下降。1 次免疫的保护期为 4 个月左右，加强免疫，可获得更长的免疫保护期。中国国产油乳剂灭活苗一般采用 5 周龄首免肌肉或皮下注射 0.3 mL，15 周龄加强免疫，肌肉或皮下注射 0.5 mL。注意事项：鸡传染性鼻炎疫苗需要 2 次免疫，保护率在 85%左右，疫苗的保护率与鸡群的管理水平、应激和环境污染程度有密切关系；该疫苗只适合健康鸡，鸡群注射疫苗后如有不良反应，可在免疫前后添加多种维生素和抗生素，以降低应激反应；发病初期在使用药物防治的同时接种灭活苗，能有效控制该病的发生和流行，减少复发率。

（三）实施良好的生物安全和卫生消毒措施

养殖场户管理粗放，生物安全水平低，发病风险大，防控难度高，追本溯源，从建立养殖场的时候起，就应当考虑养殖场整体规划，从选址、布局等方面逐步规范实施，严格按照《动物防疫条件审查管理办法》的要求去进行科学的选址规划和布局进行建设，建立并完善养殖制度，按照养殖技术规范进行饲养管理，按照养殖场制度严格执行并记录养殖档案，按照动物防疫要求组织生产，按照市场化思维去组织经营。日常管理中注重细节，实施动物防疫风险评估，从建立完善生物安全体系入手，制定科学严格的消毒和管理措施，加强日常消毒，严格控制和切断该病的传染源和传播途径。实行全进全出的饲养管理制度，合理调整饲养密度。

鸡传染性鼻炎感染后耐过的康复鸡常成为带菌者，是主要的传染源，及时隔离或淘汰发病及康复的带菌鸡，对发病场（舍）应采取隔离、消毒等管控措施。病死鸡严禁乱扔或饲喂犬等食肉类动物，必须及时收集，送往指定地点采取焚烧或深埋等无害化处理措施，彻底消灭病源。

该病病原对许多抗菌药物均敏感，如磺胺嘧啶、磺胺异噁唑、链霉素、红霉素、土霉素、多西环素、壮观霉素、利高霉素、环丙沙星、恩诺沙星等，但停药后容易复发，且不能消灭带菌状态。

磺胺类药物一般被认为是治疗该病的首选药物。养殖户多数认为这类药物影响鸡群产蛋或怕引起药物中毒。如在发病初期，合理地用药，则有助于迅速控制病情，减少继发感染机会，同时可起到缩短病程，加快鸡群康复的作用。同时使用这类药物的时候，可以在饲料中添加小苏打以减少药物的毒副作用影响。另外，在治疗中注意控制用药时间，一般一个疗程不超过 5 d。

患病鸡因采食量下降所致的营养不足，在饮水中添加水溶性维生素和电解质添加剂，有助于病鸡的康复。病鸡群待鸡消毒时应选用几种消毒剂交叉使用。选用敏感药物连续投药 5 d，停药 3 d，继续投药 5 d，能有效巩固疗效，预防复发。已经感染的鸡群可用链霉素、卡那霉素等抗生素以及磺胺类药物进行治疗。例如将链霉素加入饮水中，可取得较好的效果，成年鸡每千克水 100 万 IU 链霉素，6 周龄以下的鸡每 1.5 kg 水加入 100 万 IU 链霉素，每天 1~2 次，连续用药 4~5 d。如病情较重，可用链霉素进行肌内注射，用量为每千克体重 8 万~10 万 IU 链霉素，每日 2 次，连续用药 3 d。

中草药防治以解表化痰、疏风散热、通鼻开窍为治疗原则。比如方剂辛夷散：辛夷 150 g、苍耳、白芷、薄荷各 70 g，郁金、沙参、知母、黄檗各 90 g，白矾、甘草各 60 g，水煎后让鸡自由饮用，或粉碎均匀，拌料喂鸡，每日每只 1~2 g，连用 5~7 d。或选用白芷、益母草、乌梅防风、诃子、泽泻、猪苓各 100 g，黄芩、半夏、生姜、甘草、桔梗、辛夷、葶苈子各 80 g，混匀粉碎，拌料饲喂，每日每只鸡 1~2 g，连用 5~7 d。

第五节　鸡源鸭疫里默氏菌

一、病原学

鸭疫里默氏菌（RA）感染是家鸭、鹅、火鸡及其他家禽和野禽的一种接触性传染病，又称新鸭病、鸭败血症、鸭疫综合征、鸭疫败血症和传染性浆膜炎。鹅的鸭疫里默氏菌感染曾被称为鹅流感或渗出性败血症。该病呈急性或慢性败血症形式，其特征是纤维素性心包炎、肝周炎、气囊炎、干酪性输卵管炎和脑膜炎。鸭疫里默氏菌为革兰氏阴性杆菌，无运动性，不形成芽孢。单个、成双，偶尔呈链状排列。菌体宽 0.2~0.4 μm，长 1~5 μm。细菌对营养要求苛刻，在麦康凯琼脂上不生长，在普通琼脂培养基上也很难生长，一般在血液琼脂上，于烛罐中，增加 CO_2 和湿度，37 ℃培养 48~72 h，生长最佳。在 4 ℃或 55 ℃时不能生长。37 ℃或室温下，大多数 RA 菌株在固体培养基上存活不超过 3~4 d。肉汤培养物在 4 ℃可存活 2~3 周。55 ℃作用 12~16 h，细菌全部失活。RA 对卡那霉素、多黏菌素 B 和庆大霉素不敏感。

二、流行病学

1~8 周龄的雏鸭对此病高度敏感，5 周龄以下的雏鸭一般在出现临床症状后 1~2 d 死亡，日龄较大的鸭可能存活较长时间。RA 可经过呼吸道或皮肤伤口，特别是足部皮肤伤口感染。经皮下和静脉途径感染可出现高死亡率。经口和鼻接种感染小鸭不出现死亡或很低。本病潜伏期一般为 2~5 d，雏鸭经皮下、静脉或眶下窦途径感染最早可在感染后 24 h 出现临床症状和死亡。

鸡源鸭疫里默氏菌以 6~9 周、12~18 周、30 周后多发，临床以生殖系统危害为主，输卵管发育异常，开产后影响产蛋率与蛋壳质量，多与传染性支气管炎、滑液囊支原体等混感为主。15 周肉种鸡出现瘸腿、瘫痪病鸡，发病率约为 10%，日淘汰率接近 0.15%。

三、临床症状

本病最常见的症状是精神沉郁，流眼泪和流鼻液，轻度咳嗽和打喷嚏，排绿色稀粪，共济失调，头颈震颤和休克。感染鸭仰翻卧地，两腿呈划水状，行动迟缓，跟不上群。幸存鸭生长迟缓。环境条件差或并发其他疾病常常促进鸭疫里默氏菌感染的暴发，死亡率为 5%~75%，而发病率往往比较高。

最明显的大体病变是浆膜表面的纤维素性渗出，以心包、肝脏表面和气囊最为明显；纤维素性气囊炎较常见，胸腔和腹腔气囊均可以发生。脾脏肿大，呈斑驳状。鼻窦内有黏液脓性渗出物。产蛋鸭输卵管中有干酪性渗出物。局部慢性感染常发生在皮肤，偶见于关节。皮肤病变表现为背后部或肛门坏死性皮炎。在皮肤和脂肪层之间有黄色渗出物。

心脏纤维素性渗出物含有少量的炎性细胞，主要是单核细胞和异嗜性白细胞。急性期肝脏可见肝门周围轻度单核白细胞浸润、混浊肿胀、实质细胞水肿变性。亚急性病例，可见肝门周围中度淋巴细胞浸润。气囊渗出物中的细胞以单核细胞为主。慢性病例可见多核巨细胞和成纤维细胞。细菌可感染呼吸道而不一定表现临床症状，感染鸭的肺部可能不受侵害，邻近副支气管的淋巴结出现间质性细胞浸润和增生，或发生急性纤维素性脓性肺炎。中枢神经系统感染可出现纤维素性脑膜炎。脾脏和法氏囊可见淋巴细胞的坏死和凋亡。

四、防治措施

（一）一般性防治措施

在防治措施方面，首先要做好预防工作。一是要加强饲养管理工作，改善饲养条件，并喂以优质全价的饲料，保证能满足其生长需要量，以增强雏鸭的体质。二是要适当调整鸭群的饲养密度，注意控制鸭棚内的温度、湿度，尤其是在春天多雨、夏天炎热和冬天寒冷的季节，做好雏鸭的保暖、防湿和通风工作，尽量减少受寒、淋雨、驱赶、日晒及其他不良因素的影响。三是实行"全进全出"的饲养管理制度，不同批次、不同日龄的鸭不能混养在一起。鸭群出栏后，对各种用具、场地、棚舍、水池等要全部进行消毒。四是要做好场地卫生工作，坚持消毒和防疫制度。定期对饮水器、料槽清洁消毒，并做好其他疾病如鸭瘟、鸭病毒性肝炎、番鸭三周病、番鸭"花肝"病、禽流感等疫苗的接种和防治，减少其他疾病的发生。通过采取以上这些措施，可有效防止此病的感染和发生。

（二）药物防治

在发生鸭疫里默氏杆菌病时，采取药物治疗可以有效地控制疾病的发生和发展。用庆大霉素、卡那霉素、磺胺甲氧嘧啶、头孢类药物、喹诺酮类等药物都有比较好的效果。可用5%的氟苯尼考按0.2%的比例拌料，连用5 d，个别重症者可按体重进行肌内注射（25 mg/kg），连用2 d，能取得显著疗效。也可用先锋15~25 mg/kg体重肌内注射，或用庆大霉素8 000~10 000单位肌内注射，结合大群用药拌料，连续3~5 d，或环丙沙星或恩诺沙星等25~50 mg/L溶水自由饮用，同时添加多种维生素，都可取得明显的治疗效果。

由于细菌对抗菌药能产生耐药性，在生产场常会出现某一药物刚开始用时，效果显著，但用过一段时间后，效果却不明显或无。有条件的话，可对病死鸭进行病原分离，对分离菌株进行药物敏感试验，筛选高敏药物交叉使用，同时结合本场的用药史来用药。

此外，采取中西药结合的办法来防治鸭疫里默氏菌病，也可取得较为满意的效果。如在注射先锋的同时，用黄连、青木香、白头翁、蒲公英、鱼腥草等煎服，拌料或灌服，连用3~5 d；也可用庆大霉素连续注射3 d，鱼腥草、黄檗、苦参、丹参、茵陈等煎服，连用3 d；同时添加多种维生素，效果明显。

（三）疫苗免疫

目前国外研制成的鸭疫里默氏杆菌菌苗有单价和多价灭活菌苗、弱毒疫苗和亚单位疫苗及混合大肠杆菌制成的二联灭活疫苗等，在我国目前应用较多的是各种佐剂的灭活苗（如福尔马林灭活苗、油佐剂灭活苗、蜂胶佐剂灭活苗和加有其他佐剂的灭活苗），如1型Ra的单价灭活苗、1，2型二价灭活苗或其他血清型的多价苗、Ra和大肠杆菌的二联灭活苗、Ra和出败及大肠杆菌的三联灭活苗等。采用灭活疫苗免疫鸭群，一般需要免疫两次才能得到较为有效的保护力，肉鸭在7~10 d龄进行首次免疫，肌内注射或皮下注射0.2~0.5 mL/只，相隔1~2周后进行二免，0.5~1.0 mL/只，能取得较好的防治效果。油佐剂灭活疫苗与其他佐剂疫苗和未加佐剂疫苗相比，其免疫力要长，肉鸭在整个生长期一般用1次就足够了，但是油佐剂灭活疫苗在接种部位常常有局部炎症反应。在接种疫苗时，添加适量多种维生素有助于减轻应激反应。

第八章 病毒性疾病

第一节 白血病

一、病原学

(一)禽白血病病毒的一般特点

ALV 是一种基因组为单股 RNA 的反转录病毒，类似于人的艾滋病毒，但不感染人。不同的鸟类可能感染不同的 ALV，根据病毒与宿主细胞特异性相关的囊膜蛋白的抗原性，ALV 可分为 A、B、C、D、E、F、G、H、I 和 J 10 个亚群。但自然感染鸡群的还只有 A、B、C、D、E 和 J 6 个亚群。其中 J 亚群致病性和传染性最强，而 E 亚群是非致病性的或者其致病性很弱。

(二)外源性病毒和内源性病毒

ALV 与其他病毒不同的一个最大特点是，鸡的 ALV 还可分为外源性 ALV 和内源性 ALV 两大类。鸡的外源性 ALV 是指不会通过宿主细胞染色体传递的 ALV，包括 A、B、C、D 和 J 亚群，致病性强的鸡 ALV 都属于外源性病毒。它们既可以像其他病毒一样在细胞与细胞间以完整的病毒粒子形式或个体与群体间通过直接接触或污染物发生横向传染，也能以完整的病毒粒子形式通过鸡胚从种鸡垂直传染给后代。内源性 ALV 是指前病毒 cDNA 可整合进宿主细胞染色体基因组，可通过染色体垂直传播的 ALV。它可能只是基因组的不完全片段，不会产生传染性病毒，一般也与致病性无关。但也可能是全基因组因而能产生传染性病毒，不过这类病毒通常致病性很弱或没有致病性。

目前发现的能产生传染性病毒的内源性 ALV 都属于 E 亚群。

除了 E 亚群 ALV 基因组片段，在一些鸡的基因组上，也可能存在 J 亚群 ALV 的囊膜糖蛋白 gp85 的 env 基因的片段，甚至还有 A 亚群 env 的片段。

二、流行病学

本病的主要传染源为病鸡及带毒鸡，在一般条件下，只有鸡才会感染本病，人工感染有时会使鸭、珠鸡、火鸡、鸽、鹌鹑等动物被感染。通常情况下与公鸡相比母鸡更易感染本病，年龄较小的鸡只更易感染本病，在 4 至 10 月龄的鸡只发病率普遍较高。

由于 ALV 在外界的抵抗力很弱，所以 ALV 的这种横向传播能力比其他病毒弱得多。在鸡舍内温度下特别是在夏天，排出体外在环境中的 ALV，即使不做任何清洗和采取消毒措施，病毒也会全部失去传染性。该病毒对各种消毒剂也都非常敏感。ALV 主要是由种鸡通过鸡蛋（胚）向下一代垂直传播，即祖代鸡场直接传给父母代及商品代，且逐代放大。经垂直传染带毒的雏鸡出壳后在孵化厅及运输箱中高度密集状态下与其他雏鸡的直接接触，可造成严重的横向感染。此外，被 ALV 污染的弱毒疫苗也是重要的传播途径。因此，在 ALV 传播问题上，种鸡场要对下一代鸡场承担重要的责任。

三、临床症状

患病鸡表现为食欲不振、消瘦、精神萎靡，产蛋停止，渐进性消瘦。病鸡表现昏睡，体温 41 ℃以上，有时突然死亡。鸡冠和肉髯苍白、皱缩，颈部、翅及背侧等处皮肤常有出血点，不容易止血。以后，出血点逐渐扩大，直至死亡。鸡泻稀绿粪便。有的鸡腹部膨大，指压有波动感，有时可以触摸到肿大的肝脏。发生在长骨的肿瘤又叫骨不化病，不见骨畸形、变厚，病鸡的腿呈弓形，走路步态不稳，病程常为慢性经过。

特征是造血组织发生恶性的、无限制的增生，在全身很多器官中产生肿瘤性病灶肿瘤。主要见于肝、脾、法氏囊、肿瘤外观柔软、平滑、有光泽，结节性肿瘤大小不一，以单个或大量出现。粟粒状肿瘤多见于肝脏，呈均匀分布于肝实质中。多数发病鸡的肝脏显著肿大，肝肿大 5~15 倍不等，肝质变脆并有大理石样纹彩，肿大的肝脏常可充满腹腔，肝发生弥散性肿瘤时，呈均匀肿大，且颜色为灰白色，俗称"大肝病"。脾脏的变化与肝相同，法氏囊的肿瘤呈很小的结节状，在剖检严重病鸡时，打开腹腔，见各个内脏器官广泛发生病变，甚至互相粘连，无法分开。肾肿大，隆起突入于腹腔，可观察到蚕豆大小的肿瘤样结节。

四、防治措施

鉴于现在没有预防 ALV 的疫苗，近期内也很难研制出真正有效的疫苗，对鸡白血病的预防控制需要采取综合性的措施（图 8-1）。这需要在养鸡各个环节的不同层次采取有力措施，防控该病最重要的还是建立严格的生物安全防控体系。

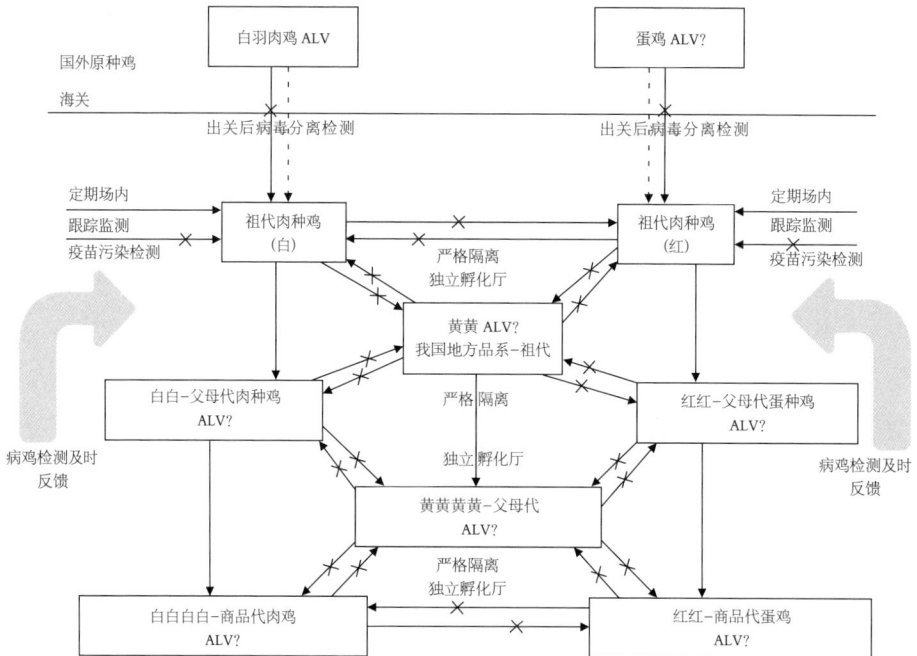

图 8-1 鸡白血病的预防控制措施

（一）政府主管部门要强化种鸡群的监控

建议畜牧和兽医相关单位共同制定对各类种鸡场白血病感染状态的监控标准，实施经常性的监控。并将该标准作为种鸡场准入市场经营的一项必需的技术标准。该标准可先松后紧，逐渐向国际高标准靠近。对严重感染的种鸡群，应暂时取消其生产许可证。

对于每年从国外引进祖代雏鸡的种鸡场，也实施同样的监控。在现阶段，对进口种鸡不建议实施海关检疫，因为这一做法不现实，效果也不好。但应该要由对方提供官方的检疫证明，并由各地兽医主管部门对祖代鸡场在饲养过程中做跟踪检疫。

对于各种鸡群的监控结果，可以用适当的形式在行业内公布，从而能起到监督效应并为下游养鸡公司选择雏鸡提供有益的参考。各下游养鸡公司在选择雏鸡来源时，应以雏鸡的健康质量为第一考虑因素。也就是说，要选择多年来信誉度好的祖代或父母代种鸡公司购买父母代或商品代雏鸡，千万不要拘泥于一点点价格差异。雏鸡中有无外源性 ALV 的垂直感染或其感染的严重程度，对一批鸡生产效益的负面影响要远远大于雏鸡间的价格差。

（二）保持种鸡群对 ALV 的高度洁净状态

需要做好如下几方面：① 从无外源性 ALV 感染的祖代鸡或原种鸡公司选购苗鸡。这有赖于商业合同或政府主管部门提供的可靠信息；② 一个鸡场只饲养同一品系和同一批（年龄）的种鸡，横向感染都是由近距离引起的，同一鸡场内是无法隔离的；③ 严格选用没有外源性 ALV 污染的活疫苗，并定期检测血清抗体状态；④ 同一孵化厅只用于同一个种鸡场来源的种蛋，以预防孵化厅内可能的早期横向传播，雏鸡对 ALV 最易感，垂直感染的雏鸡出壳后就可排毒，孵化厅内鸡运输箱内高度密集，同一箱内有一只感染雏鸡在运输期间可使同箱内 20%~30%的接触鸡感染；⑤ 预防潜在的昆虫传播；⑥ 建议种鸡群自我检测。当对 AB 及 J 亚群抗体阳性率高于一定限度后自行淘汰，避免在客户鸡场出现问题后再发生纠纷。

（三）强化弱毒疫苗中 ALV 污染的检测和监控

弱毒疫苗中外源性 ALV 污染是蛋鸡、三黄鸡和其他品系鸡中传播白血病的一个最可能的现实原因之一。对商品代鸡群来说，特别要注意 1 周龄内使用的活疫苗，如对马立克氏病和禽痘的活疫苗。但是在种鸡群，各种活疫苗都要检测，特别是非口服疫苗。前几年美国市场上供应的马立克氏病疫苗中还发现有 ALV-A 污染，我国生产的疫苗问题可能会更多。要检测疫苗中的 ALV 污染，一定要区别内源性和外源性 ALV，否则会带来很大的混乱，即假阳性报告。可以根据情况依次从如下几种方法中作一选择：① 经典方法（金标准）。将一定剂量（相当于雏鸡用量的 3~5 倍）活疫苗接种 8~10 只 3~4 周龄SPF 鸡，在隔离罩中饲养 4~6 周龄后采血清，隔 2 周后用商品化的抗体检测试剂盒检测 ALV-AB 和 ALV-J 特异性抗体。同时在另一隔离罩中饲养同批 SPF 鸡作对照。隔 2 周后重复 1 次。接种疫苗组中只要有 2 只或以上表现对 ALV-AB 和 ALV-J 特异性抗体阳性而对照组全阴性，即可判定疫苗有 ALV-AB 或 ALV-J 污染。如为阴性，可隔 2 周后重复 1 次。这一方法成功率高，结果比较可靠，但周期长，成本高，需要一定饲养条件。② 在 DF1 细胞（对 ALV-E 有抵抗力）上分离病毒，再用 ALVp27 试剂盒检测。这一方法适用于在该细胞上不产生细胞病变的疫苗病毒。对细胞结合性马立克氏病疫苗，可先将疫苗细胞在超声波处理下裂解或用无菌蒸馏水稀释裂解后接种 DF1 细胞，以此最大限度去除 MDV 疫苗病毒复制。对于禽痘疫苗病毒，可先接种 1 周龄 SPF 鸡，再在 7~10d 后采血浆接种 DF1 细胞。③ PCR 扩增囊膜蛋白全基因及其相连的 3′ 末端序列，测序比较和鉴定亚群。鉴于有些细胞基因组中可带有 ALV-AB、J 的 env 基因，单独扩增出 env 基因还不能作为依据，一定要扩增到 env 基因的及其相连的 3′-末端序列，并证明其 3′-末端序列中的 LTR 也是外源性 ALV 特异性的，才有较大把握作出判断。但要下最终结论，最好还应分离到病毒。

由于 ALV 的横向传播能力很弱，除非有严重的垂直感染，一般鸡群对外源型ALV 抗体的阳性率是很少会高于 30% 的。因此，如果鸡群对 ALV-AB 或

ALV-J 的抗体阳性率高于 30%时，就要怀疑在过去用过的弱毒活疫苗中是否有哪种疫苗有 ALV 污染，这对种鸡场尤为重要。虽然在使用被 ALV-AB 或 ALV-J 污染的疫苗后，鸡群不一定就会发生肿瘤（一般不会，因为鸡对 ALV 的抵抗力有很明显的年龄依赖性），但有可能是给下一代造成垂直感染的来源。因此，有必要对种鸡群作定期的血清学检测。

（四）净化

1. 生物安全

严格的生物安全措施，注重细节管理水平传播是鸡白血病的一个重要传播途径，因此，要将感染家系和未感染家系分开饲养；纯净的原种鸡要饲养在经过严格消毒后的环境中，防止近距离接触传播；育种母鸡单笼饲养，打上翅标予以识别，每只鸡所产种蛋分开收集和孵化，疫苗分开使用，便于在发现问题时进行追溯，这对鸡白血病的净化非常重要。

2. 种鸡白血病净化方案

种鸡白血病净化方案采取的是检测和淘汰相结合的措施，主要依靠 ELISA 方法检测 p27 抗原和病毒分离法进行。

1 日龄雏鸡 ALV 检测：雏鸡出壳后，工作人员采集胎粪，用 ELISA 方法检测 p27 抗原。在采集胎粪时，工作人员每操作 1 次，手都要清洗和消毒。只要相同来源的雏鸡中有 1 只胎粪检测 p27 抗原阳性，种母鸡即淘汰。故在雏鸡检测结果出来前，种母鸡须进行隔离。6~7 周龄 ALV 检测：采集血清，接种 C/O 细胞（外源性和内源性 ALV 均能生长）分离培养 ALV，ELISA 方法检测 p27 抗原，将鸡群移入育成室前淘汰所有检测阳性鸡。18 和 23 周龄 ALV 检测：采集血清，接种 C/O 细胞分离培养 ALV，ELISA 方法检测 p27 抗原，确保只有检测阴性的母鸡才能进入产蛋室。前 3 只种蛋 ALV 检测：收集进入产蛋期的种母鸡所产的前 3 只种蛋，对蛋清用 ELISA 方法检测 p27 抗原，淘汰检测阳性母鸡及其所产种蛋。29、34 和 42 周龄 ALV 检测：采集血清，接种 C/O 细胞分离培养 ALV，ELISA 方法检测 p27 抗原，淘汰检测阳性母鸡、所产种蛋及孵化出的雏鸡。

对 ELISA 或细胞培养检测阳性的鸡，采集血液和脾脏，进行 ALV 分离和传代，提取病毒核酸，用 PCR 方法鉴别 ALV 亚群类型。通过对种母鸡血清病毒分离和所产种蛋蛋清 p27 抗原检测发现，蛋清 p27 抗原 ELISA 检测阳性率远低于血清病毒分离阳性率，说明在执行 ALV 监测计划时，不同方法、不同样本来源其检测敏感性有差别，仅检测蛋清 p27 抗原是不够的。

第二节　传染性法氏囊病

传染性法氏囊病 IBD 是 1957 年在美国特拉华州甘布罗（Gumboro）镇的肉鸡群中首次发现的。该病分别为国际兽疫局（OIE）及中国规定的家禽 B 类/二类传染病。该病现已全球性流行，据调查，美国鸡群的血清阳性率接近100%，南美洲约 90%，荷兰 88%，意大利 6%，日本约 75%，德国 61.5%。在我国，1979 年邝荣禄等在广州发现本病，1980 年周蛟等在北京报道了此病，1982 年周蛟等在北京从进口鸡群中分离到 IBDCJ801 株，同年程德勤在上海从细胞培养物中分离到一株 IBDV，毕英佐从广州分离到两株 IBDV，从而证实了本病在我国的存在，并证明是从国外进口鸡中传入的，受到了全世界养禽业的重视。

一、病原学

鸡传染性法氏囊病病毒（infectious bursal disease virus，IBDV）为双股 RNA 病毒科（Birna viridae）禽双股 RNA 病毒属（Avibirna virus）。IBDV 粒子直径55~60 nm，适应于鸡胚成纤维细胞中繁殖的病毒粒子较小，约 20~30 nm，发育成熟的病毒由双层裸露的衣壳组成，病毒粒子呈六角形，均为二十面体立体对称结构。病毒粒子无囊膜，仅由核酸和衣壳组成。核酸为双股双节段 RNA，衣壳是由一层 32 个壳粒按 5：3：2 对称形式排列构成的。

该病毒可在鸡胚上生长繁殖，经尿囊腔接种所繁殖的病毒滴度比经绒毛尿囊膜（CAM）接种所繁殖的病毒滴度低，而经卵黄囊接种者则介于二者之

间。因此分离病毒的最佳接种途径是经 CAM 接种。病毒经 CAM 接种后 3~5 d
鸡胚死亡，胚胎表现为全身水肿，头部和趾部有充血和出血小点，肝部有斑
驳状坏死。在鸡胚中适应的 IBDV 毒株也能适应于细胞培养，其中包括鸡胚
源细胞、法氏囊细胞和一些禽源和哺乳动物源传代细胞系。病毒适应于鸡源
细胞培养后，经 2~3 代，可产生细胞病理变化，并能形成蚀斑。

目前已知 IBDV 有 2 个血清型，即血清 I 型（鸡源性毒株）和血清 II 型
（火鸡源性毒株）。采取交叉中和试验，血清 I 型毒株中可分为 6 个亚型（包
括变异株）。这些亚型毒株在抗原性上存在明显的差别，亚型间的相关性用交
叉中和试验测知为 10%~70%，这种毒株之间抗原性差异可能是免疫失败的原
因之一。此外，血清 I 型 IBDV 各毒株之间毒力差异很大，有的毒株毒力很
强，称为超强毒（vvIBDV）。该病毒在外界环境中极为稳定，能够在鸡舍内
长期存活。该病毒耐热，耐阳光及紫外线照射。56 ℃ 3 h 仍存活，60 ℃可存
活 90 min，70 ℃则 30 min 可灭活病毒。病毒耐酸不耐碱，pH 为 2.0 经 1 h 不
被灭活，pH 为 12 则 1 h 可灭活病毒。

二、流行病学

IBD 一年四季均可发生。鸡是 IBDV 的天然宿主，各种品种鸡均能感染，
尤以白色轻型品种反应最严重。自然感染主要发生于鸡，各种品种的鸡都能
感染。多侵害 2~15 周龄的幼鸡，以 3~6 周龄的幼鸡最易感染，成年鸡一般呈
隐性经过。该病不分季节但以 5~7 月为发病高峰，呈地方性、暴发性流行，
并且具有高度的接触传染性。一般突然发生，且传播迅速，当鸡舍发现有被
感染鸡时，在短时间内该鸡舍所有鸡都可被感染。通常在感染后第 3 d 开始
死亡，5~7 d 达到高峰，以后很快停息。该病死亡率差异很大，有的仅为 3%~
5%，一般为 15%~20%，严重发病鸡群死亡率可达 60%。病鸡和带毒鸡是本病
的传染源，主要通过粪便排毒，被病毒污染的饮水、饲料、车船、用具、人
员、尘埃、老鼠、甲虫等都可直接和间接传播该病。

本病往往突然发生，传播迅速，当鸡群发现有感染鸡时，在短时间内所

有鸡都可被感染，而邻近鸡舍在 2~3 周后也被感染发病。通常在感染第 3 d 开始死亡，5~7 d 达到高峰，以后很快停息，表现为高峰死亡和迅速康复的曲线。死亡率差异大，一般在 15%~50%，有 vvIBDV 存在时，死亡率在 70% 以上。该病常与大肠杆菌病、新城疫、鸡支原体病混合感染，死亡率升高。IBD 的流行不仅抑制或降低了雏鸡对多种疫苗（尤其是新城疫疫苗）的免疫应答，而且提高了鸡对某些微生物的易感性。

近年来发病的日龄范围扩大，发病率和死亡率增加，发病的表现不明显，病程延长，免疫极易失败，且出现了免疫抑制，近年来更是发现了宿主范围拓宽的现象，麻雀、鸭和鹅等都可成为 IBDV 的自然宿主，给 IBD 的防控带来了新的难题。

三、临床症状

本病潜伏期 2~3 d，初期症状是部分鸡自啄肛门羽毛，有时引起鸡的啄肛，病鸡厌食，无神，羽毛松乱、无光泽，皮肤干燥，沉郁思眠，排出白色或黄色水样粪便，颈部、躯干部震颤，步态不稳，头下垂，眼睑闭合，脱水，眼窝凹陷，最后衰弱而死亡，病程 5~7 d。病愈鸡生长发育不良，全身免疫机能降低，易感染其他疾病。

急性型 IBD，鸡群突然发病，食欲废绝，精神不振，缩颈，1/3 的病鸡发热（41.5~42.0 ℃），渴欲旺盛，饮水量剧增。病鸡可在出现症状后 1~2 d 死亡，3~6 d 为死亡高峰期，6 d 后死亡逐渐下降，9 d 后死亡迅速平息或停止。由 vvIBDV 引起的该病暴发则临床症状表现得更为严重，死亡率可达 70%，可使有抗体的鸡只也能发病。由变异株引起的感染一般表现为亚临床症状，主要引起鸡只的免疫抑制。

剖检变化可见：病死鸡尸体脱水，胸、腿肌肉出血，腺胃和肌胃交界处有条状出血点，肾脏苍白肿大，肾小管和输尿管扩张，内有尿酸盐潴留。脾脏轻度肿胀，表面有弥散性的灰色点状坏死灶。法氏囊病变具有诊断意义，可见法氏囊内黏液增多，法氏囊水肿和出血，体积和重量可达正常值的 200%~

300%，浆膜覆盖淡黄色胶样渗出物，囊本身由正常的白色变为奶油黄色。感染的第 5 d，法氏囊开始缩小，到第 8 d 约为正常大小的 1/3，切开后黏膜皱褶多混浊不清，黏膜表面有点状出血或弥漫性出血，严重者法氏囊内有干酪样渗出物。

组织学变化可见：法氏囊髓质区的淋巴细胞坏死和变性，使正常的滤泡结构发生改变。淋巴细胞被异染细胞、细胞残屑的团块和增生的网状内皮细胞所取代。滤泡的髓质区形成囊状空腔，出现异嗜细胞和浆细胞的坏死和吞噬现象，法氏囊上皮层增生，形成一种柱状上皮细胞组成的腺体状结构，在这些细胞内有黏蛋白小体。脾发生滤泡和小动脉周围的淋巴细胞鞘发生淋巴细胞性坏死。肾组织可见异染细胞浸润。肝血管周围可见到轻度的单核细胞浸润。

四、防治措施

对于该病的预防，目前主要采取以下防控措施：采取严格的环境消毒措施，提高种鸡的母源抗体水平，对雏鸡进行科学的免疫接种。

（一）严格的环境消毒措施

在防控该病时，首先要注意对环境的消毒，特别是育雏室。因为雏鸡从疫苗接种到抗体产生需经一定时间，所以必须将免疫接种的雏鸡放置在彻底消毒的育雏室内，以预防 IBDV 的早期感染。

（二）提高种鸡的母源抗体水平

种鸡群经疫苗免疫后，可产生高的抗体水平，可将其母源抗体传递给子代。如果种鸡在 18~20 周龄和 40~42 周龄经 2 次接种 IBD 油佐剂灭活疫苗后，雏鸡可获得较整齐和较高的母源抗体，在 2~3 周龄可得到较好的保护，能防止雏鸡早期感染和免疫抑制。但是，高母源抗体可干扰主动免疫，因此对雏鸡应选择合适的疫苗和首免日龄。

（三）雏鸡的免疫接种

疫苗免疫是最有效的途径。各种由典型毒株和变异毒株制备的弱毒疫苗在市场上都能买到。灭活苗是从法氏囊病病死鸡具有典型病变的法氏囊组织取得强毒，经 SPF 鸡胚培养增量，再用甲醛灭活，加上油乳剂制成的。灭活苗主要应用于种鸡，在育雏期免疫过 2 次活毒疫苗的基础上再于 18 周龄和 40 周龄各肌注油乳剂灭活苗 1 次，其下一代雏鸡可获得比较整齐的高水平母源抗体，可保护到 3 周以上，这是防止雏鸡早期感染的重要措施。为使雏鸡获得很高的母源抗体，疫苗免疫母系是必需的。1979 年，Wyeth 和 Cullen 早期的研究发现，用感染 IBDV 鸡只的法氏囊组织制备的灭活苗比经组织培养而制备的疫苗更有效。

（四）发病时的处理措施

首先做好鸡只的隔离工作，对发病鸡舍应严格封锁，并对发病的鸡舍、鸡群、场地、用具等用 0.3%的过氧乙酸进行消毒。在育雏阶段如果发生该病，应注意提高育雏舍的温度。同时降低饲料中蛋白质含量，提高维生素含量。用口服补液盐和电解多维饮水，防止鸡脱水，以保持机体水、电解质、营养的平衡，促进康复。全群肌内注射传染性法氏囊病高免蛋黄液，同时使用特效护囊清，能有效地提高治疗效果，同时又能避免鸡传染性法氏囊病的反复发作。

（五）抗体治疗

早期病鸡可用鸡传染性法氏囊病高免卵黄抗体或高免血清治疗，有效率可达 90%。依据发病日龄差异，治疗量用 0.5~1.5 mL/只，对病重的鸡次日可重复再注射 1 次。李文军等报道用高免卵黄液治疗 IBD 均取得理想的效果。李月辉、范琳用氯仿和聚乙二醇从 IBDV 高免卵黄提取 IBD 特异性免疫球蛋白IgG，在 IBD 发病初期，治愈率达 90%，疗效优于卵黄液，并且该方法去除了卵黄中潜在的致病因子。孙银华等报道，用典型 IBD 病死鸡法氏囊经处理作为猪的免疫抗原，肌注或皮下注射肥猪，经两次以上的免疫后，被免疫猪血浆 IBD 琼扩抗体滴度达 1∶256 以上，用 1∶32 滴度的血浆稀释液 $2×10^5$ mL，在疫区治疗 IBD 病鸡 250 余万只，治愈率在 95%以上。

（六）西药治疗

使用抗病毒药物病毒灵（吗啉胍），按每千克体重用 0.1~0.2 g，2 次/d 服用，同时进行退烧、补液和止血等对症治疗。席克奇报道，复方炔诺酮（人用女性 1 号避孕片），按 2 片/kg 体重给药，连用 2 d，可减轻 IBD 症状。湖北龚大春用地塞米松治疗 IBD，结果发现病鸡病情得到缓解，饮食状况得到改善。时秀梅研究证实，兽用干扰素诱生剂对人工感染 IBDV 的病鸡治愈率达 96.4%。

（七）中草药治疗

中草药防治 IBD 病的临床应用研究现状。应用中草药防治 IBD 病临床使用较多，研究也较深入。目前对该病防治，多数学者组方上采用清热解毒、泻火燥湿为主的治法，但近来有向扶正祛邪、清补并用的趋势。广东李华平报道用禽菌灵（组方：穿心莲、甘草、吴茱萸、苦参、白芷、板蓝根、大黄等）治疗 IBD，治愈率达 92.3%，预防 IBD，保护率为 100%。赵永富用"抗IBD-HBI 号"（主含蒲公英、金银花、千里光、艾叶等）熏烟治疗鸡 IBD，操作简单，熏治 1 次即见效，临床治愈率达 92.96%。张东用中草药（蒲公英、大青叶、板蓝根、双花、黄芩、黄檗、甘草、藿香、石膏）组方，共防治 IBD 病鸡群 88 批、455 580 只，有效率达 100%，对明显发病鸡治疗 5 604 只，治愈率达 98.00%。杨志勇用强力 IBD 散（板蓝根、大青叶、紫花地丁、双花、黄芩、黄檗、甘草、藿香、石膏、茯苓）配合病毒灵，试治患病鸡 24 098 只，治愈 23 348 只，治愈率为 96.89%。孔秋玲用黄生大白汤（黄芪、黄连、黄芩、生地、大青叶、白头翁、白术、甘草、白糖为引）共治疗 IBD 患鸡 120 万只，治愈 112.8 万只，治愈率达 94.00%。吴杰用党参、黄芪、银花、冰片等为主要成分，组成"囊病宁"散剂，治疗传染性法氏囊病鸡 97 550 只，治愈率达 93.40%。钟妮娜用银花、连翘、板蓝根、大青叶等制成"克囊灵"煎汤饮服和灌服传染性法氏囊病鸡 6 万只，治愈率达 94.00%。此外，还有许多人的临床试验结果亦证实，中草药疗法是防治 IBD 病的理想疗法。

第三节 传染性喉气管炎

一、病原学

喉气管炎病毒属疱疹病毒科的 α-疱疹病毒亚科。该病毒在分类学被确定为 Gallidherpesvirus1，其基因组是双股线性 DNA 分子，浮密度为 1.704 g/cm³，分子量为 $1×10^8$，具有疱疹病毒的一般形态特征。在细胞核内呈散在或结晶状排列，无囊膜的核衣壳直径约 100 nm。衣壳为二十面立体对称，并由 162 个长形空心的壳粒组成。胞浆内带囊膜成熟病毒粒子直径 195~250 nm，在核衣壳的外周围绕以不规则囊膜，囊膜表面的分界膜含有纤突。

本病毒对脂溶剂、热以及各种消毒剂均敏感，ILTV 经乙醚处理 24 h 后，即失去传染性。ILTV 在 55 ℃经 10~15 min 即被破坏。生理盐水中的病毒于室温下经 90 min 灭活。在甘油-盐水中病毒的存活期较长：37 ℃存活 7~14 d，22 ℃存活 14~21 d，4 ℃存活 100~200 d。气管黏液内的病毒，在直射日光下经 6~8 h 灭活；但在黑暗的房舍内可存活 110 d。鸡尸体气管组织中的病毒在 37 ℃经 44 h，绒毛尿囊膜中的病毒在 25 ℃经 5 h，即被破坏。ILTV 在冻干或 -20~60 ℃条件下，能长期存活。3%甲酚和 1%氢氧化钠溶液可在 1 min 内使病毒迅速灭活。

本病毒呈现高度的宿主特异性，只能在鸡胚（包括野鸡胚）及其细胞培养物内良好增殖，目前，鸡胚仍是常用的病毒培养方法，经尿囊腔或绒毛尿囊膜途径接种 ILTV，接种鸡胚后 48 h 就能观察到坏死区中央凹陷、边缘不透明的痘斑，接种后 2~12 d 鸡胚死亡。鸡传染性喉气管炎病毒可在鸡胚肝、鸡胚肺、鸡胚肾以及鸡肾细胞培养物中增殖。人工感染试验只能用鸡或野鸡。多采取气管分泌物或气管、肺组织悬液，作经鼻、点眼或气管内接种，能引起典型发病。但静脉或腹腔途径接种时，发病不规律。

二、流行病学

鸡是 ILTV 感染的主要自然宿主。虽然 ILTV 也可感染各种日龄和品种的鸡，但是仅在多数成年鸡中才能观察到，感染率可达 90%~100%，死亡率差异较大，从 5% 到 70% 不等，一般为 10%~20%。近年来，在养禽业发达国家由于饲养管理水平的提高以及疫苗的应用，ILT 表现比较温和，死亡率大大降低，约为 0.1%~2.0%。病毒繁殖仅限于上呼吸道。尽管禽的巨噬细胞对 ILTV 是敏感的，但在正常情况下很少或者根本看不到病毒血症迹象。据报道，人工感染的鸭能表现出血清阳转现象，但欧椋鸟、麻雀、燕子、乌鸦、野鸽、鸭、鸽、珍珠鸡、大鼠、小鼠兔不感染 ILTV，火鸡胚与鸡胚易感，鸭胚易感性较差，而且珍珠鸡与鸽胚也不易感。

该病主要由接触性感染引起，病毒经呼吸道和眼睛侵入鸡体，经口咽途径能感染，此途径也是一种感染方式。ILTV 自然感染的潜伏期随着毒力不同而变化较大，强毒株一般为 2~6 d，毒力较弱的毒株其潜伏期可长达 10~12 d，人工气管内感染的潜伏期较短，为 2~4 d。ILT 的传染源有 3 种，即患急性上呼吸道疾病的鸡、能排出 ILTV 的带毒家禽以及所有污染物（包括无生命粒子及与感染鸡有过接触的人员）。易感鸡群与接种了疫苗的鸡若较长时间接触，可感染发病。迄今尚未证实本病能经卵垂直传播。进入体内的病毒主要在喉气管中呈局限性增殖，亦可在三叉神经节细胞内长期潜伏。ILTV 在呼吸道分泌物及畜体内能持续存在数周，甚至数月，因此在 ILT 的控制上对某个疫点采取严格的生物安全性措施是很关键的。

本病一年四季都能发生，由于病毒对高温的抵抗力弱，因此夏季发病少，冬春寒冷季节发病较多。鸡群拥挤，通风不良，饲养管理不善，维生素 A 缺乏，寄生虫感染等，均可促进本病的发生。此病在同群鸡传播速度快，群间传播速度较慢，常呈地方流行性。

三、临床症状

（一）急性型（喉气管型）

发病初期，常有数只病鸡突然死亡。患鸡初期有鼻液，半透明状，流泪，伴有结膜炎，而后表现为特征的呼吸道症状，呼吸时发出湿啰音，咳嗽，有喘鸣音。病鸡蹲伏地面或栖架上，每次吸气时头和颈部呈向前向上、张口、尽力吸气的姿势。严重病例表现为：呼吸极度困难，痉挛咳嗽，咳出带血的黏液，可污染喙角、颜面及头部羽毛，检查病鸡的口腔，可见喉部有灰黄色或带血的黏液，或见干酪样渗出物，病鸡迅速消瘦，鸡冠发紫，有时排出绿色稀粪，最后因衰竭死亡。产蛋鸡群发病可导致产蛋量下降或停产。急性型病程在 15 d 左右，最急性型病例于发病 24 h 左右死亡，多数 5~10 d 或更长。发病后 10 d 左右鸡只死亡数开始减少，鸡群状况开始好转，存活鸡多经 8~10 d 恢复，有的可成为带毒者。

（二）温和型（眼结膜型）

由致病性较低的病毒株引起，流行比较缓和，发病率较低，症状较轻。病鸡表现为眼结膜充血，眼睑肿胀，1~2 d 后流眼泪及鼻液，分泌黏性或干酪样物，上下眼睑被分泌物粘连，眶下窦肿胀，有的病鸡失明。病程较长者达 1 个月，死亡率约为 2%，绝大部分病鸡可以耐过。如果有继发感染和应激因素存在，死亡率会有所增加。产蛋鸡产蛋率下降，畸形蛋增多，呼吸道症状较轻。

（三）剖检病变

特征性病变在喉头和气管，剖检可见喉头出血、充血、肿胀，喉气管黏液增多，有时附着黄色干酪物。干酪物很容易从黏膜剥脱，堵塞喉腔，特别是喉裂部。有血性黏液或血凝块状堵塞喉和气管；个别鸡的支气管、肺和气囊水肿、充血，鼻腔渗出物中有血凝块或呈纤维素性干酪样分泌物，鼻孔周围粘满饲料；有的眼结膜充血、水肿，产蛋鸡卵泡充血、出血、变形。

四、防治措施

（一）加强饲养管理，严格消毒制度

坚持执行"全进全出"的饲养模式，避免不同日龄、不同批次的鸡群混养。供给全价日粮，保持鸡群健康的体质，重视鸡群体重控制，在饲料中添加足够的 VA，以增强黏膜细胞的屏障作用。饲养密度要合理，保持鸡舍的通风换气，保证鸡舍和环境的卫生，以减少鸡舍有害气体等对鸡群的应激。加

强鸡舍内外环境的消毒，每周进行 2 次。不能长期使用同一种成分的消毒剂，要交替使用两种或两种以上的消毒剂，以避免病原体对消毒剂产生耐药性。

（二）严格各项隔离、检疫制度

严格检疫，不要从疫区引进种鸡、鸡苗。引进种鸡要隔离观察 2 周以上方可混群饲养。对发过 ILT 病的病愈鸡不能与易感鸡混群饲养，严格将患鸡和病愈鸡淘汰。

（三）坚持科学免疫，严格免疫操作规范

接种 ILT 疫苗可有效保护半年至 1 年，因此，接种疫苗是目前预防和控制 ILT 较为有效的方法。ILT 疫苗有冻干疫苗和基因工程疫苗两种。ILT 冻干疫苗具有受抗体干扰小的优点，但是易散毒和毒力返强、应激大，易引发其他呼吸道疾病，雏鸡禁用。ILT 基因工程苗是一种新型疫苗，目前主要是鸡喉痘二联基因工程苗，该疫苗易受抗体的干扰、应激小、安全性高，适合首免使用。冻干苗采用点眼和涂肛，基因工程疫苗采用鸡翅膀翼膜刺种免疫。

1. 免疫程序首免

35~40 日龄用 ILT 冻干苗 1 羽份点眼；或者鸡痘-喉气管炎基因工程活苗 1 羽份皮下刺种。二免时 80~90 日龄用 ILT 冻干苗 1 羽份点眼或涂肛。

2. 免疫注意事项

（1）选择毒力弱、免疫原性好、副作用小的 ILT 疫苗。严格按照疫苗的说明进行免疫操作，正确稀释疫苗，采用厂方提供的专用稀释液和滴瓶，准确掌握免疫剂量，保证免疫接种效果。

（2）在免疫前后 3 d 投喂多维等抗应激药物，防止因疫苗应激诱发的呼吸道反应。只能对健康鸡群进行 ILT 免疫。

（3）应采购正规厂家的疫苗，避免外源性疾病的发生危害。为避免疫苗免疫的相互干扰，在进行 ILT 免疫时，不得同时进行新城疫、支气管炎等其他活疫苗的免疫，二者间隔时间应在 7 d 以上。

（4）严格做好免疫鸡群与易感鸡群的隔离保护，避免 ILT 冻干疫苗免疫鸡群因排毒对周围环境污染，从而造成的其他易感鸡群的感染发病。

（5）ILT 冻干疫苗应慎用，要根据本地区、本场情况确定使用，对无 ILT 流行的地区尽量避免使用 ILT 冻干疫苗免疫。

（四）治疗方法

本病目前尚无特效的治疗方法，但是可以利用中、西药制剂对发病鸡群做对症治疗，使用抗生素控制继发感染。同时给鸡群投喂电解多维，可增强鸡只免疫力、促进康复、缓解应激，降低死亡率。还有实践证明，适当提高鸡舍内温度有利于该病的治疗。

1. 西药治疗

（1）多西环素 0.05%拌料，同时用泰乐菌素 0.1%饮水进行治疗，连用 3 d。发病中后期，可将多西环素 0.05%，配合氨茶碱 0.02%拌料，同时使用青霉素与链霉素 3 万~5 万 IU/只、地塞米松 0.1 mL/只饮水，每日 2 次，连用 3 d。

（2）对呼吸困难的病鸡，可用氢化可的松和青霉素及链霉素混合喷喉，以缓解呼吸道症状。配方为氢化可的松 2 mL、青霉素 20 万 IU/只、链霉素 100万IU/只，加生理盐水至 20 mL，每只鸡 0.5 mL。

2. 中药治疗

（1）每 100 只鸡用麻黄、知母、贝母、黄连各 30 g，桔梗、陈皮各 25 g，紫苏、杏仁、百部、薄荷、桂枝各 20 g，甘草 15 g，煎 3 次，合并药液，加入水中饮用，每天 1 剂，连用 3 剂。另外，对于发病比较严重的鸡只，可采用青链霉素配合黄芪多糖等抗病毒药物进行肌内注射，效果明显。

（2）加味黄连败毒散，组方：黄连 30 g、黄芩 90 g、黄檗 30 g、栀子 90 g、薄荷 60 g、荆芥穗 30 g、生地 100 g、大黄 150 g、石膏 150 g、桔梗 30 g、山豆根 60 g、射干 60 g、连翘 60 g、板蓝根 90 g、甘草 50 g。以上各药粉碎后混合均匀，按每千克体重 1.5 g 称取药粉，用沸水冲开，浸焖 2 h 取汁，使每毫升药液含生药 0.5 g，加水至饮水量饮服，重病不饮的将原液用滴管滴眼。每只鸡 5~6 mL，药渣同时拌入料内喂服。辨证加减：本方剂大苦大寒，主治中期实热证。后期阴虚肺热、津液损耗，应减黄连、栀子和大黄用量，加天冬、百合、沙参以润肺止咳，滋阴生津；咳重的加川贝、紫菀、杏仁以止咳平喘；痰多的加陈皮、半夏、前胡以理气，宽胸，祛痰。目前仅用西药治疗该病效果欠佳，而且容易对肝脏及肾脏造成损伤。再者，使用抗生素容易产生耐药性而影响治疗效果，还会造成药物残留影响人类健康。一直以来，兽医工作者们常用中西医结合的方法治疗该病以提高疗效。比如，有人用中药复方联合泰乐菌素，治愈率提高。或用中药治疗的同时使用氨茶碱和盐酸麻黄素缓解症状，效果显著。有时鸡传染性喉气管炎与鸡传染性鼻炎、鸡毒支原体感染等其他传染病混合感染，须采用联合用药的方法予以治疗。

第四节　传染性支气管炎

一、病原学

传染性支气管炎病毒（IBV）属于冠状病毒科冠状病毒属，具有囊膜，直径 90~200 nm，呈不规则形或圆形，表面有长 20 nm 排列整齐的杆状纤突，似花冠状。基因组为单股正链 RNA，全长约 27 kb。其病原血清型众多，同毒株之间又有组织亲嗜性的差异，表现为呼吸型、肾型、肠型、腺胃型等。化学成分分析发现，IBV 的主要结构蛋白有 3 种，纤突蛋白（S 蛋白）、膜基质蛋白（M 蛋白）和核衣壳蛋白（N 蛋白），3 种结构蛋白分子摩尔比为 1∶6∶15。M 蛋白形成抗原决定簇，N 蛋白是病毒内部核衣壳的组成蛋白，S 蛋白构成了冠状病毒的最表层纤状突起。IBV 经 56 ℃ 15 min 及 45 ℃ 90 min 灭活，对乙醚和氯仿极敏感，能被 20%的乙醚及 5%的氯仿灭活，0.1%去氧胆酸钠 4 ℃作用 18 h 能使 IBV 完全失去感染性。1%煤酚、1/10 000 高锰酸钾、70%酒精和 1%福尔马林均可在室温下几分钟内杀死病毒。不同毒株在 pH 为 3 时稳定性不同。

关于 IBV，目前为止已分离出很多毒株，这些株在血清学和致病力方面都存在差异，已报道的血清型有：Massachusetts41、Connecticut、Delaware、Georgia、Iowa97、Iowa609、Holte、Jmk、Clarlk333、Se17、Florida、New Hampshire、Australia 和 Arkansas99 等，接近 30 个血清型，IBV 可分离为 11 个呼吸道症状血清型和 16 个肾病变的血清型，腺胃型、肠型、混合型正在研究之中，这些血清型之间没有或仅有部分交叉免疫性，同时由于新的血清型不断出现，给本病的诊断和防治带来很多困难。

二、流行病学

传染性支气管炎（IB）本病在世界许多国家均有发生，不同品系的鸡群对 IB 敏感性不同，但普遍认为鸡是 IB 的唯一自然宿主。对于 IB 所有年龄的鸡都易感，但感染主要侵害 1~4 周龄的幼鸡和雏鸡，并引起死亡，随鸡年龄的增长，抵抗力逐渐加强。IBV 自然感染通常在 48 h 内出现症状。雏鸡感染后症状严重，死亡率取决于病毒株的毒力及鸡群抵抗力，一般死亡率为 20%~30%，有报道腺胃型 IB 雏鸡死亡率可达 95%。炎热、寒冷、拥挤、通风不良及维生素、矿物质、微量元素的缺乏都可促使本病的发生传播途径主要为呼吸道和消化道传染，传染源为病鸡和带毒鸡，从病鸡和带毒鸡呼吸道、粪便排出的病毒经空气、飞沫传染给易感鸡，也可以通过饲养人员、遭受污染的饲料、饮水及用具等经消化道感染本病，此外，IBV 还可通过泄殖腔传播。IBV 感染的持续性很难确定，但根据长时间的感染和间歇性排毒的报道，证明人员和设备污染也是鸡群间传播的潜在威胁。

三、临床症状

1~4 周龄鸡感染后主要症状表现为：精神不振，呼吸困难，气管啰音，咳嗽，喷嚏，发出特殊的叫声，随病情发展出现死亡，幼鸡死亡率约 25%，雏鸡可达 75%~90%。肾型 IBV 感染鸡可见含尿酸盐的白色粪便，有时涂满肛门附近。病鸡食欲下降，饮欲增加，呼吸症状以啰音为主，迅速波及全群，全群出现精神沉郁，羽毛松乱，水样排泄及饮水量增加。腺胃型 IBV 多发生于已免疫过的鸡群，主要发生于 20~90 日龄的鸡群，患病初期表现咳嗽，甩鼻子，少数病鸡有呼吸音，饮食无明显变化；有的鸡眼睑肿胀，眼角有沫状液体流出，2 周左右呼吸症状消失或减轻，病鸡日益消瘦，鸡冠苍白，羽毛蓬松，闭目嗜睡，饮食减少、废绝，排白色绿色水样便最后衰竭死亡。开产鸡群，除呼吸道症状外，还可见产蛋量和产蛋质量的下降，产蛋鸡发病 2~3 d，产蛋量可迅速下降 20%~40%，下降程度与产蛋阶段和致病毒株有密切关系，而且产蛋水平大多不能恢复到感染前水平；此外种鸡蛋孵化率下降，软壳蛋、畸形蛋及壳面粗糙蛋增加，蛋壳变薄，蛋白变稀呈水样。但一般死亡率很低。

前期剖检病死鸡可以看到气管和喉头内有多量黏液，气管黏膜充血，肺脏充血，气囊浑浊。后期病变主要在肾脏，病鸡肾脏肿大、苍白，肾小管和输尿管扩张，里面充满大量白色尿酸盐，整个肾脏外表有许多花纹，呈槟榔样。切开肾脏有多量白色尿酸盐流出。严重病例在腹膜、心包膜和胸膜上也有白色尿酸盐沉积，母鸡卵巢发生退行性变化，腹腔内有游离的卵黄样物质，卵巢充血或出血，有的呈紫色。

四、防治措施

传染性支气管炎病毒血清型众多，新的变异株不断出现，不同血清型之间没有或很少有交叉保护，而且病毒对器官的亲嗜性不断变化，新的致病性的 IBV 在不断出现，基因重组是 IBV 基因变异的原因之一，不同血清型间缺乏交叉保护或保护性极差，使免疫预防复杂化和费用增加，也是 IB 不能得到有效控制的原因之一。

实践中防治 IB 的措施，主要是加强饲养管理，定期消毒，严格防疫，免疫接种。免疫接种是预防该病的主要方法，目前常用的疫苗有 H52、H120，一般首免时间为 1~3 个周龄，用 H120，必要时也可提前到 1 周龄，以启动主动免疫，具体执行中必须测定母源抗体水平，7 周龄以上的鸡接种 H52 免疫期可达 5~6 个月，种鸡 16~18 周龄开产前接种油佐剂苗加强免疫，以使雏鸡得到有效母源抗体的保护；由于 IBV 血清型多，各血清型之间交叉保护弱的特性，必须使用相同的血清型疫苗才能起到良好的保护效果。因此国内学者认为要有效防治 IB，必须确定本场或本地区的血清型，选择相应的疫苗，不断地从病鸡中分离毒株制成灭活苗配合弱毒苗进行免疫。当病毒血清型改变时，应重新分离毒株，制灭活苗，若病鸡系多种血清型所致，就要使用含多种血清型的多价苗，才会取得很好的免疫效果，目前国内有 MA528/86 等多价疫苗及新开发的肾型传染性支气管炎苗。研制含多种保护性抗原的基因工程苗是防治 IB 的根本途径。

对于发病的 IB，目前尚无有效的治疗药物，主要采取综合防治措施，首先应严防引进病鸡，带毒鸡，这是防止病毒传播的重要环节，其次要做好消毒和一般的卫生防疫工作，加强对鸡群的冬季保温、合理通风，防止密度过大，供给适宜的饲料及微量元素等，做好常规免疫接种，对确诊已发病的鸡群及时用 IB 油苗免疫接种，同时要改善环境，增加多种维生素，充分供给饮水，保温通风；国内运用中草药制剂已取得良好的治疗效果，同时给鸡群应用抗菌药物，对防止继发感染有良好的作用。

第五节 减蛋综合征

一、病原学

引起本病的病原体是鸡减蛋综合征（EDS-76）病毒，具血凝性腺病毒，对鸡、火鸡及鸭的红细胞有凝集性，属Ⅲ型腺病毒，是禽腺病毒唯一成员，血清学上与Ⅰ型和Ⅱ型亚群病毒无关。该病毒源于鸭，EDS-76 由接种疫苗传染给鸡。病毒存在于鸭体内及病鸡的输卵管、咽喉、粪便和蛋内，它不能使鸭、鹅发病，病毒对外界抵抗力较强。

EDS-76 病毒粒子大小为 76~80 nm，呈 20 面体对称，是无囊膜的双股 DNA 病毒，衣壳的结构，壳粒的数目等均具有典型腺病毒的特征，对乙醚不敏感，pH 耐受范围广，如 pH 在 3~10 的处理很稳定，60 ℃ 30 min 丧失致病性，70 ℃ 20 min 完全灭活，室温条件下，至少可存活 6 个月；0.1%甲醛 48 h 或0.3%甲醛 24 h 可使病毒灭活。

二、流行病学

EDS-76 病毒的分布及流行范围极其广泛，不同日龄的鸡均可感染发病，产褐色壳蛋的肉用种母鸡最易感，产白色壳蛋的母鸡发病率相对较低；在产蛋高峰期和接近产蛋高峰期是发病高峰，即 25~35 周龄期间，产蛋下降幅度一般为 10%~25%，高达 30%~50%，持续 4~10 周，然后逐渐恢复到原来的产蛋水平。主要传播方式是垂直传播（经被感染的精液和有胚胎的种蛋传播给下一代）、水平传播（通过唾液、泄殖腔排泄物对外排毒而引起鸡群间交叉感染），自然感染是经口食入性感染，被污染的鸡蛋、盛蛋工具、鸡场、饲料、用具等是本病重要传播媒介。本病的主要流行因素包括：① 鸡在性成熟前呈隐性感染，当接近产蛋高峰期时激素分泌发生急剧改变，构成 EDS-76 病毒活化的启动因子并导致发病；② 本病的流行主要取决于病毒毒力的强弱和鸡对病毒的易感性，20 周龄以内的鸡感染率较低（8%左右），20 周龄以上的鸡感染率较高，说明本病与卵巢的发育及产蛋有关；③ 用微量血凝抑制（MHI）试验调查表明，公鸡的易感性比母鸡高；④ 违规引进禽类尤其是种鸡种蛋时，常因检疫检验不严而带入本病；⑤ 种蛋带毒或孵化期被污染可造成本病垂直传播；⑥ 由于 EDS-76 病毒对化学消毒药物的强抵抗力，消毒不严，消毒剂选用不当和作用时间不足等，很难将其杀灭，留下高发病隐患；⑦ 本病为国内新生病种，养殖者认识不足，疫苗免疫不到位造成高发病率。

三、临床症状

病鸡主要表现为食欲下降、羽毛蓬乱、粪便像水样或灰绿色、贫血等症状。EDS-76 病毒能使鸡排卵和蛋壳形成机能紊乱，致使群发性产蛋率突然下降，比正常产蛋率低 20%~30%，高者可达 30%~50%，持续 4~10 周后恢复到原来的产蛋量，产蛋量曲线呈"马鞍形"。患病初期产蛋下降不明显，只是偶有异常蛋，接着产蛋突然下降，所产蛋的变化是多种多样的，有无壳蛋、软壳蛋、薄壳蛋、小蛋和褪色蛋等。蛋壳表面粗糙，颜色由棕红色变为粉色甚至白色且极易破损。

病鸡输卵管粗大、管壁肥厚、质脆弱，纵向切开，黏膜面严重外翻；峡部和子宫部管腔内有乳白色渗出物；卵白分泌部和峡部浆膜苍白，黏膜白垩色，有光泽，手触有捻感；子宫黏膜呈淡暗红色，有光泽，个别卵泡出血。

四、防治措施

（一）预防接种

为减少本病的发生，最有效的方法是按照免疫程序进行定期预防接种。4~10 周龄的母鸡注射 1 次；至开产前 3~4 周再注射 1 次，免疫后 15 d 可产生抵抗力，保持 4 个月左右，效果良好。5 个月后抗体消失，但母鸡已经过了易感期，不会再感染此病。

（二）加强卫生管理

无 EDS—76 的清洁鸡场，一定要防止从疫病场将本病带入。不要到疫区引种，因已证实，本病可通过蛋垂直传播。原则上，要引种必须从无本病的鸡场引入，引后并需隔离观察一定时间，虽然这一点执行起来很难，但是十分关键。EDS-76 污染鸡场要严格执行兽医卫生措施。本病除垂直传染外，也可水平传染，污染鸡场要想根除本病是较困难的，必须花大力气。为防止水平传播，场内鸡群应隔离，按时进行淘汰。做好鸡舍及周围环境清扫和消毒，粪便进行合理处理是十分重要的。加强鸡群的饲养管理，喂给平衡的配合日粮，特别是保证必需氨基酸、维生素和微量元素的平衡。

（三）对肉用鸡采取"全进全出"的饲养方式

对空鸡舍全面清洁及消毒后，空置一段时间方可进鸡。对种鸡采取鸡群净化措施，即将 40 周龄以上的鸡所产蛋孵化成雏后，分成若干小组，隔开饲养，每隔 6 周用 HI 检测定抗体，一般测定 10%~25% 的鸡，淘汰阳性鸡。直到 40 周龄时，100% 阴性小鸡继续养殖。

（四）中西医结合

通过长期的临床实践发现，采用中西医相结合的方法治疗本病，疗效确实、疗程较短、成本低，一般用药 10 d 左右即可使产蛋率恢复正常。其具体方法是用泰瑞奎和普益康每瓶 100 g，饮水 200 kg；同时配合中药增蛋散每千克拌料 200 kg，连用 3 d 后，鸡蛋质量开始好转，软蛋、破壳蛋、褪色蛋明显减少，产蛋率开始回升。其次可用"普瑞芝"防治，普瑞芝中含有黄连、黄檗、黄芩、栀子、水牛角、栽培灵芝等中药。该药具有抗病毒和消炎的双重功效，配合增蛋散可促进卵巢修复和输卵管炎症消失，补肾强体，恢复产蛋等作用，临床疗效表明对病鸡有明显的疗效。

第六节　马立克氏病

一、病原学

马立克氏病病毒（MDV）是一种细胞结合性病毒，以前主要依据其嗜淋巴的生物学特性被列为 Y-疱疹病毒。目前将 MDV 毒株分为 3 个血清型，其中引起肿瘤的 MDV 毒株被归为 1 型，天然不致瘤的 MDV 为 2 型，而 HVT 毒株为 3 型。目前，采用免疫鸡群攻毒保护实验来判定 MDV 毒力的强弱，将血清 I 型 MDV 分为四种病原型，即温和型（mMDV）、强毒型（vMDV）、超强毒型（vvMDV）、特超强毒型（vv+MDV），其中每种致病型都有特定的临床症状。MDV 除了可引起肿瘤并导致感染鸡死亡外，还能在感染鸡引起免疫抑制。病毒核衣壳呈六角形，85~100 nm；这种病毒在鸡体内有两种形式存在，即病毒颗粒无囊膜的裸病毒和有囊膜的完全病毒。后者是非细胞结合性病毒，可脱离细胞而存活。带囊膜的病毒粒子直径 150~160 nm。羽囊上皮细胞中的带囊膜病毒粒子 273~400 nm，随角化细胞脱落，成为传染性很强的无细胞病毒。该病毒在体内存活的时间较长，在 MD 的传染中占主要作用，1979 年美国的 Witte 等首次分离到 MD 超强毒株，1986 年前后在意大利等国免疫鸡群中也分离到该毒株，其发病率的影响为 50%~60%。之后又分离得到 MD 特超强毒株。

二、流行病学

马立克病一年四季均可发生，火鸡、野鸡、雉鸡、珍珠鸡等都可感染马立克病，鹅、鸭、鸽子、金丝雀等也有报道，哺乳动物不感染 MD 病毒。病鸡和带毒鸡是该病的传染源，患病鸡的皮肤、羽毛囊上有大量的病毒，随着皮屑的脱落和换羽，排在鸡舍内，并随着尘埃被健康鸡群吸入而感染。感染MD病毒的鸡可在较长时间持续排毒，不仅可通过空气进行传播，也可通过被粪便污染的饲料、饮水经消化道进行传播，MDV对外界理化因素有较强的抵抗力，可在外界环境中存活数月，甚至数年，因此该病的发生与环境的污染有着极为密切的关系。1日龄的雏鸡最易感染，自然感染的鸡最早在20~30日龄时出现症状，但是在2~6月龄易发该病，蛋鸡多发生在2~3月龄，肉鸡多发生在40~60日龄，母鸡比公鸡易感染，但近年来也有6~10月龄蛋鸡发病的报道。该病不经种蛋垂直传播，但种蛋表面被污染且消毒又不彻底，也是早期雏鸡感染的主要原因。

三、临床症状

（一）类型

根据病变发生的部位及临床表现，分为神经型、内脏型、眼型及皮肤型4种类型。

1. 神经型

神经型主要侵害外周神经，坐骨神经和臂神经最易受侵害，当坐骨神经丛或坐骨神经受侵害时，一侧腿或两侧腿发生不全麻痹，站立不稳及运动失调，最典型症状是，一只脚伸向前，另一只脚伸向后方，呈"劈叉"姿势。当臂神经丛受侵害时的特征是翅膀下垂，俗称"穿大褂"。当支配颈部肌肉的神经受侵害时，患鸡低头或斜颈，当颈部迷走神经受侵害时，可使鸡嗉囊扩张或麻痹，俗称"大嗉子"，食物不能下行。一般情况下，出现以上几种症状的鸡群精神状况良好，但由于行动不便，常受其他鸡的踩踏，无法正常饮水或采食，最终因机体衰竭而死亡。

2. 内脏型

内脏型常见于50~70日龄的鸡，病鸡精神沉郁，食欲减退或废绝，羽毛散乱，缩颈呆立或行走缓慢，鸡冠苍白、皱缩，个别鸡冠呈黑紫色，下痢，粪便呈黄绿色或黄白色，病程较短，迅速消瘦，内脏型对肉用鸡威胁最严重，可造成病鸡脱水、昏迷，最终衰竭死亡，严重时死亡率高达80%。

3. 眼型

眼型发生率较低，一旦发生，则可使一只眼或两只眼视力减退或丧失，虹膜的正常色素消退，边缘不整齐，似锯齿状，呈环状或斑点状，以致弥漫性的青蓝色或淡灰白色的混浊，所以又称为"灰眼""鱼眼""珍珠眼"。病情轻者逐渐失去对光线的反应强度，病情严重者对光线失去调节能力，病程后期最终导致失明。

4. 皮肤型

皮肤型发病较少见，一旦发病后，病鸡的翅膀、颈部、背部、尾部及大腿皮肤上毛囊肿大，皮肤变厚，形成大小不等的小结节及瘤状物，往往在加工屠宰时才能发现。

（二）病理变化

鸡马立克氏病常见的病理变化部位是外周神经，包括坐骨神经、腰间神经、腹腔神经、臂神经丛及迷走神经，特征是受损神经的横纹消失，颜色变为灰色或黄色，肿大，比正常增粗2~3倍，个别病例有时更大，主要多侵害一侧神经，有时双侧神经均受侵害。

内脏型病鸡，主要表现在多种内脏器官出现肿瘤，如：肝脏、肾脏、脾脏、心脏、肺脏、腺胃、卵巢、睾丸等器官，在这些器官上，可以见到大小不等、形状不一的单个或多个黄白色或灰白色的瘤块，这些瘤块切面平整，呈脂肪样，有些病例肝脏、肾脏、脾脏上不具有结节性肿瘤，但比正常大小增大数倍，一般情况下法氏囊常萎缩，而不是形成肿瘤。

皮肤型的病变多发生在毛囊部，主要是呈孤立的或融合的白色隆起结节或瘤状物，有时呈淡褐色的痂皮。

四、防治措施

鸡马立克氏病目前尚无特效治疗药物，生产中重在预防，疫苗接种是最有效的预防途径。

（一）加强饲养管理

加强饲养管理，给鸡群提供优质的饲料。及时对栏舍的粪便进行清扫，并将粪便堆放到指定区域进行消毒和无害化处理。及时对栏舍及过道使用3%氢氧化钠水溶液、5%来苏尔、20%石灰乳进行消毒，用百毒杀、碘附及含氯制剂进行轮换带鸡喷雾消毒。注意栏舍干燥和通风，控制好饲养密度，改善鸡群的生活条件，以增加机体的抵抗力。

（二）坚持自繁自养、全进全出的饲养制度

坚持自繁自养、全进全出的饲养制度，尽量不要从外地购进鸡苗，以防止将病毒带入鸡舍，及时进行分栏饲养，防止将不同日龄的鸡群混养在同一鸡舍。

（三）严格执行孵化操作管理制度

对种蛋进行严格消毒处理，加强孵化室管理，尤其是孵化环境的卫生，以防止雏鸡早期感染。同时，对育雏舍严格消毒，育雏舍尽量要远离其他年龄的鸡群，以防止其他鸡群排出的病毒经空气及污染物发生水平传播。

（四）无害化处理措施

认真进行观察，一经发现病鸡，对感染场地的所有鸡要立即进行清除淘汰，并且做无害化处理；对鸡舍进行彻底清扫和消毒，空置数周后再考虑进新雏鸡；另外，特别要注意，一旦开始育雏，中途不得补充新雏鸡。

（五）免疫接种

出雏后，立即进行马立克氏病疫苗接种工作，在17日龄或21日龄时进行第2次免疫，以保证免疫质量，同时，要注意接种时不能用酒精或其他消毒液来消毒针头，以防疫苗效价受到破坏。

（六）防止各种应激因素

要重视能引起免疫抑制的疾病，如：鸡传染性法氏囊病、鸡网状内皮组织增生病、鸡传染性贫血病毒病等的感染。

第七节　新城疫

鸡新城疫（NewcastleDisease，NDV）俗称鸡瘟又称亚洲鸡瘟，它是由新城疫病毒（NewcastleDiseaseVirus，ND）引起的一种急性和高度接触性传染病。发病率和死亡率都较高，是目前严重危害养鸡业的疾病之一，被OIE列为A类疾病。鸡新城疫疾病目前尚无特效药进行有效的治疗，生产上以预防为主。

一、病原学

NDV属于副黏病毒科、副黏病毒属，核酸为单链RNA。成熟的病毒粒子呈球形，直径为120~300 nm，由螺旋形对称盘绕的核衣壳和囊膜组成。根据病毒毒力差异可将鸡新城疫病毒分为5种病型，即中发型、缓发型、无症状肠道传染型、速发性嗜内脏型、速发性嗜肺脑型。鸡新城疫病毒只有1个血清型，目前尚未发现新城疫有不同血清型。鸡新城疫病毒能凝集鹅、兔、鸡、鸭等多种动物的红细胞。一般的消毒药物对其都具有一定的杀灭作用，其对消毒剂、日光和高温的抵抗能力并不强，但是，由于很多相关的因素都可能对消毒剂的杀毒效果产生影响，因此想真正通过上述手段完全杀灭新城疫病毒几乎是不可能实现的。

二、流行病学

新城疫在任何季节都可发生，但由于新城疫病毒在低温条件下具有极强的存活能力，因此，寒冷季节它发病的概率更高。鸡对本病最易感，其次是野鸡、火鸡、鸽，其他鸟类如鹌鹑、鸵鸟、孔雀、鹧鸪也可感染；水禽可以携带鸡新城疫病毒，但不发病；近年来发现其对鹅具有致病能力；哺乳动物对本病有抵抗力，人类常因接触弱毒疫苗和病鸡而被感染，主要是引起眼结膜炎。本病传染源主要是带毒鸡和病鸡的口腔黏液及粪便。本病为高度接触性传染病，消化道、呼吸道为主要传播途径。病鸡和带毒鸡是新城疫的主要传染源，而它们的分泌物、排出的粪便以及已经被污染过的饮水、饲料等都可能传播病源，最为主要的传播途径则是消化道和呼吸道，当然病毒也可能通过损伤的皮肤或者黏膜等侵入正常鸡的体内。另外，特别需要注意的是，新城疫一旦发生，就会在很短的时间内迅速传播，并且呈现出显著的毁灭性流行特征，具有非常高的发病率和致死率。

发生该病的主要原因以下几点。一是上批鸡处理后，鸡场未彻底消毒，就进鸡；鸡群发生新城疫疫情时，对病死鸡处理不当；使用活苗后，未对空瓶进行处理；以及兽药饲料商频繁流动，都造成鸡场环境中大量野毒存在。二是饲料中的霉菌毒素造成免疫抑制。霉菌毒素能引起法氏囊、胸腺和脾脏等免疫器官萎缩，诱发免疫抑制，引起新城疫免疫失败。三是 MDV、IBDV、BEV、CIAV、BEOV等免疫抑制性病毒存在，造成新城疫免疫抗体效果不理想。四是疫苗毒株与野毒毒株的基因差异，影响了免疫效果。五是免疫程序和方法不合理。由于上述各种因素，造成鸡群抗体滴度低，离散度大，对当前非典型性新城疫的发生都或多或少地起作用。六是环境因素，我国60%以上是小型养鸡专业户，有些规模养鸡场建在养殖小区，隔离条件差，死鸡到处乱扔，粪便随便乱倒，周围环境污染严重，加上消毒不严格，造成病源长期存在或流行。

三、临床症状

本病潜伏期2~15 d 或更长，平均为5~6 d，世界动物卫生组织《陆生动物卫生法典》中规定为21 d。

（一）按急性分类

对鸡新城疫临床症状的描述，有几种不同的分型方法：可分为最急性型、急性型和慢性型3种形式，或典型和非典型新城疫两种形式。

1. 最急性型

多见于新城疫的暴发初期，鸡群无明显异常而突然出现急性死亡病例。

2. 急性型

在突然死亡病例出现后几天，鸡群内病鸡明显增加。病鸡眼半闭或全闭，呈昏睡状；废食，饮水增加，但随着病情加重而废饮；嗉囊内充满硬结未消化的饲料或充满酸臭的液体；呼吸困难，有啰音，张口伸颈，同时发出怪叫声；下痢；粪便呈黄绿色，混有多量黏液，有时混有血液；产蛋鸡产蛋量下降或完全停止，畸形蛋增多，种蛋受精率和孵化率明显下降；鸡群发病率和死亡率均可接近 100%。

3. 慢性型

在经过急性期后仍存活的鸡，陆续出现神经症状，表现为盲目前冲、后退、转圈，啄食不准确，头颈后仰望天或扭曲在背的上方等症状。

（二）按典型性分类

1. 典型新城疫

相当于上述的最急性型和急性型新城疫。

2. 非典型新城疫情

产蛋鸡，产蛋率出现不同程度的下降，种蛋受精率和孵化率也随之下降，其他可能无明显异常。非产蛋鸡，可能出现不同程度的呼吸道症状，从轻微的呼吸道啰音到较明显的呼吸困难，死亡率一般不超过 30%。火鸡、鸽、珍珠鸡、鹌鹑和鹅等感染新城疫后的临床症状与鸡基本相同，只是程度上有差异。

（三）病理变化

本病的主要病理变化表现为全身黏膜和浆膜出血，淋巴组织出血、肿胀、坏死，消化道和呼吸道的出血最为明显。腺胃黏膜水肿，腺胃乳头与乳头间有点状出血或出血斑，严重时溃疡或坏死；肌胃角质层下也常见出血点；肠黏膜有大小不一的椭圆形坏死病灶，肠系膜上也常见出血点；盲肠、扁桃体肿大、出血甚至坏死。嗉囊肿胀并充满恶臭气味黏液；气管黏膜充血、出血；心冠脂肪和心外膜有点状出血点。

四、防治措施

治疗鸡新城疫目前还没有特效药物进行治疗，所以应以预防为主、防治结合的原则来控制本病发生和流行。

（一）加强消毒

加强鸡场的消毒卫生工作，对鸡场、鸡舍以及所需用具要定期消毒，鸡场和鸡舍门口要设消毒装置，如更衣室、消毒池、紫外线灯等设置。进场人员及车辆不经过消毒，严禁进入鸡场或鸡舍。新引进的鸡，必须先单独饲养，同时接种鸡新城疫疫苗并观察至少 2 周，证明无病后才能和健康鸡合群饲养，以杜绝和防止病原传入鸡群。

（二）加强饲养管理

饲养管理的好坏是造成鸡新城疫的一个重要影响因素，因此要加强饲养管理，增强鸡群的抵抗力。首先在饲养上要注意饲料的质量和合理使用，严禁饲喂发霉变质的饲料；配合饲料要保证蛋白质以及各种所需微量元素的饲喂量。其次要注意饲养环境，加强鸡舍的通风换气，舍内温度要根据季节的变化合理地调整，饲养密度要适宜；在各种应激情况下，注意饲喂抗应激药物，如在饲料中以及饮水中增加维生素 C 的供应，可有效起到抗应激的作用，并能增强鸡的体质以及提高抗病力。每天及时清除粪便。

（三）建立合理的免疫程序

根据新城疫疾病的流行情况、饲养类型、鸡的品种、免疫效果、抗体水平来建立符合养鸡场的免疫程序来做好免疫接种。免疫接种一般采用局部免疫即点眼、滴鼻和注射疫苗相互配合使用，尽量避免单独使用局部免疫或注射疫苗。

（四）诊断与治疗

鸡群发现新城疫疾病后，要立即采取紧急措施，做好病死鸡的处理工作及时检测其他可能被传染的鸡，严防疫情蔓延。事实上，目前没有有效治疗新城疫的方法。一般情况下，对于病症较轻的发病鸡可用弱毒新城疫疫苗，如新城疫 C30 或 4 系疫苗，适量滴鼻、点眼、注射或饮水，配合白细胞介素、转移因子等效果更佳。参考方案如下。肉鸡：0.5 kg 以下肉鸡用 3 倍剂量的新城疫 4 系或 C30 疫苗，白细胞介素 2~3 倍饮水；1 kg 以上肉鸡用 4 倍量新城疫 4 系或 C30 疫苗、白细胞介素 3 倍量饮水。蛋鸡：10~40 日龄蛋鸡用 3 倍剂量的新城疫 4 系或 C30 疫苗，白细胞介素 2 倍量饮水；40~60 日龄蛋鸡用 4 倍剂量的新城疫 4 系或 C30 疫苗、白细胞介素 3 倍量饮水；60 日龄到开产期蛋鸡用 4~5 倍量的新城疫 4 系或 C30 疫苗，白细胞介素 3 倍量饮水。使用 1 d 后再用抗病毒中药加对症治疗药物连续治疗 4 d。而对于典型发病病例，要优先使用新城疫 I 系、克隆 I 系、基因 VII 活疫苗，再用药物进行辅助治疗。

第八节　禽流感

一、病原学

禽流感病毒（Avianin fluenza virus）是负链 RNA 病毒，在病毒分类学上属于正粘病毒科（Orthomyxovoridae）中的 A 型流感病毒属（Influenza virus Agenus）。正粘病毒科还包括了 B 型流感病毒属和 C 型流感病毒属，其中 A 型流感病毒能够感染人、猪、马和禽类；C 型流感病毒主要感染人和猪；而 B 型流感病毒仅感染人类。流感病毒的株系或毒株是根据流感病毒表面结构蛋白凝集素（Hemagglutinins，HA）和神经氨酸酶（Neuraminidase，NA）抗原性的差异加以区分和命名的，A 型流感病毒有 15 种不同的血凝素亚型（H1~H15）和 9 种神经氨酸酶亚型（N1~N9），因此，从理论上来说共有 135 种亚型组合。根据毒株对禽类致病性的不同，又可将禽流感病毒分为高致病力毒株、低致病力毒株和无致病力毒株。

二、流行病学

1994 年，陈伯伦等首次从我国广东某鸡场发病鸡体内分离到 H9N2 亚型病毒。近几年来，在我国部分商品产蛋鸡场及养鸡专业村的 AIV 调查中发现，H9 亚型阳性鸡群占总的 AIV 抗体阳性鸡群的 93.67%，说明 H9 亚型 AIV 广泛存在。香港大学和哈尔滨兽医研究所等单位发表的监测数据显示，H9N2亚型AIV在我国（特别是南方地区）持续流行，且宿主范围广泛，包括鸡、鸭、珍珠鸡、鹌鹑等。病毒进化分析表明，我国禽群中主要流行Y280-like和G1-like两个分支的H9N2亚型AIV。其中在我国鸡群中主要流行Y280-like分支病毒，而G1-like分支病毒仅在鹌鹑等珍禽中流行。另外，Y439-like和Ty/66-like分支病毒在我国也偶尔被分离到，但没有形成流行。

H5和H9亚型流感病毒在我国家禽中广泛流行，而且已形成了不同的进化谱系，各谱系毒株之间的抗原性也存在一定的差异，这给禽流感的预防带来了难度。在家禽养殖卫生状况调查中，我们还发现部分养殖场在选址规划时，鸡场和鸭场之间距离过短，甚至在同一养殖场内混养鸡和水禽，这就给禽流感的传播提供了条件。养殖规模较小的养禽场饲养管理水平和生物安全防护措施普遍较差，而这种养殖场在我国养殖密度较高的地区大量存在，这又从客观上给禽流感的防控造成了巨大的漏洞。因此预计在较长的一段时间里，禽流感在我国仍会广泛流行，并对家禽养殖业造成危害。该病发生的主要原因包括以下几项。

（1）禽流感宿主多种多样家禽中有：火鸡、鸡、珍珠鸡、石鸡、鹌鹑、鸵鸟、鹅、鸭、雉鸡等。野禽中有：野鸭、天鹅、三趾鹬、燕鸥、海鸠、海鹦、鸥等。其他动物还有：马、猫、猪等。

（2）病毒基因的多节段性流感病毒具有8片段负链RNA，共编码10种蛋白，如血凝素蛋白、神经氨酸酶、基质蛋白和核蛋白等。

（3）禽流感病毒的血清亚型多血凝素H1-H16，神经氨酸酶N1-N9，理论上流感病毒具有144（16×9）个血清型。这样理论上流感病毒变异组合的可能性就有256×144=36 864种。

（4）流感病毒毒株间毒力差异大、危害程度不一，高致病性的禽流感仅占极少部分，如H5N1、H7N7。有少部分是低致病性的，如H9N2、H6N2。大多数是无致病性的，即为无毒株。

（5）流感病毒以空气传播为主流感的流行与风向有明显的正相关，流感还可以通过直接接触和间接接触传播。

（6）流感潜伏期短、死亡率高该病潜伏期从几小时到 3 d 不等，死亡率少的达 5%~10%，高的达 30%~50%，甚至全群覆没。

（7）宿主蛋白酶裂解血凝素流感病毒的 HA 蛋白只被存在于肠道和呼吸道中的胰酶类蛋白酶裂解，则局部感染；流感病毒的 HA 蛋白若被多数细胞内的蛋白酶裂解，则全身感染。HA 蛋白氨基酸的序列决定着禽流感病毒毒力的强弱。

（8）环境因素的影响：南方生态环境为水多、鸟多、林子多，是许多野鸟的迁徙地，这样为流感的传播提供了较好的条件。

（9）禽类免疫特点禽类的免疫系统不健全，缺少淋巴结这个很重要的免疫器官，这样就不能建立较好的免疫机制，往往会造成免疫失败。

三、临床症状

（一）禽类感染后的表现

1. 高致病性禽流感

特点是潜伏期短，传播快，发病急，发病率高，死亡率高。主要临床特征为：精神沉郁，羽毛粗乱；食欲不振；头颈水肿；鸡冠和肉髯肿胀发绀；饮水增加；水样粪便，开始呈浅绿色，后期呈白色；结膜肿胀充血，腿脚皮肤弥漫性出血和肿胀，呈鱼鳞状。有呼吸道症状，喷嚏，咳嗽，鼻眼有分泌物；口腔中黏液分泌物增加；共济失调、瘫痪，扭头等神经症状。产蛋下降或停止，产软壳蛋，畸形蛋。鸡和火鸡感染后症状明显，鸭和鹅感染后症状较轻或不明显。

2. 低致病性禽流感

特点是潜伏期长，传播慢，病程长，发病率和死亡率低，或呈隐性感染。病鸡仅表现轻微的呼吸道症状，采食减少，产蛋下降 5%~10%，褪色蛋和沙壳蛋多，畸形蛋和软壳蛋少。如不采取措施，很容易造成疫情扩散、蔓延，并且病毒毒力还有变强的可能。

（二）人类感染后表现

急性起病，早期表现类似普通流感。主要为发热，体温大多持续在 39 ℃以上，热程 1~7 d，一般为 3~4 d，可伴有流涕、鼻塞、咳嗽、咽痛和全身不适。部分患者可有恶心、腹痛、腹泻、稀水样便等消化道症状。重症患者病情发展迅速，可出现肺炎、急性呼吸窘迫综合征、肺出血、胸腔积液、全细胞减少、肾功能衰竭、败血症、休克及 Reye 综合征等多种并发症。体征：重症患者可有肺部实变体征等。

四、防治措施

有效防控禽流感应从消灭病原、切断传播途径、免疫易感动物 3 方面入手，采取综合措施，树立"预防为主、综合管理"的观念，多管齐下，形成防控合力。

（一）建立完善的生物安全体系和禽群健康体系

1. 建立完善的生物安全体系

（1）养禽场的选址、建设布局应符合《动物防疫条件审查办法》规定的条件。距离生活饮用水源地、动物屠宰加工场所、动物和动物产品集贸市场 500 m 以上；距离种畜禽场 1 000 m 以上；距离动物诊疗场所 200 m 以上；动物饲养场（养殖小区）之间距离不少于 500 m；距离动物隔离场所、无害化处理场所 3 000 m 以上；距离城镇居民区、文化教育科研等人口集中区域及公路、铁路等主要交通干线 500 m 以上。生产区与生活办公区分开，并有隔离设施；生产区内清洁道、污染道分设；生产区内各养殖栋舍之间距离在 5 m 以上或者有隔离设施。禽类饲养场、养殖小区内的孵化间与养殖区之间应当设置隔离设施，并配备种蛋熏蒸消毒设施，孵化间的流程应该单向，不得交叉或者回流。

（2）消毒等设施、设备齐全。饲养场与外界应有隔离墙或其他有效隔离设施；场区出入口处设置与门同宽，长 4 m、深 0.3 m 以上的车辆消毒池；生产区入口处应设置更衣消毒室，各养殖栋舍出入口应设置消毒池或消毒垫；

有与生产规模相适应的无害化处理和污水污物设施设备；有相对独立的患病禽类隔离舍。

（3）严格消毒和实行封闭式管理，净化养殖环境。建立健全消毒制度，严格执行净化消毒程序。坚持定期对禽舍内环境及场区外环境进行严格消毒，并正确选用消毒药物，更换交替使用。饲养人员进入生产区必须经过淋浴、更衣、消毒；未经消毒的车辆、人员、物品等严禁进入场内；兽医人员不得对外诊病；外来人员不得进入生产区，谢绝任何形式的参观活动；保持饮水的清洁，每周对饮水系统用高锰酸钾消毒1次，以保证饮水管无菌。

（4）坚持"全进全出"制和专一生产，规范引进禽类和种蛋、种禽。禽类养殖场应避免鸡、鸭、鹅、其他鸟类混养或与猪、犬、猫混养，避免不同日龄的禽只混养；一个禽场只养一种家禽；禽舍要有安全的防护设施，严防野鸟进入，并做好防鼠灭鼠工作；禽群特别是发病的禽群淘汰后，应及时对禽舍进行清粪、清扫、冲洗、严格消毒，空舍1~2个月方可进禽。不从疫区引进禽类和种蛋、种禽；引进家禽，必须经输出地县级以上动物卫生监督机构检疫、检验健康合格。

（5）转变生产方式。应大力提倡和扶持规模化、标准化饲养场和养殖小区的发展，引导禽类散养户向专业化生产、规模化经营、规范化管理方向转变，逐步改变人畜共居，改变鸡、鸭、鹅、猪混养或在庭院、街巷、河塘等散养的传统养殖方式。

（6）严格进行无害化处理。病死家禽及污物应严格进行无害化处理，不得随意抛弃或屠宰、加工、出售。家禽粪便、垫料清除后应及时运至远离禽舍的地方做无害化处理。

（7）建立疫情报告制度。饲养过程中如发现疫情或疑似动物疫情时，应立即向当地动物卫生监督机构报告，同时应采取有效的隔离措施，等候处理。

2. 创建禽群健康体系

（1）饲喂优质饲料，提高营养水平。根据品种、季节的不同，适时调整饲粮营养浓度，提供营养全价平衡的饲粮，防止饲料中因某种成分的缺乏引起家禽抵抗力下降，导致流感病毒的侵入。据资料介绍，在饲料中添加维生素 C、高含量维生素和中药散剂（如扶正解毒散、荆防败毒散或银翘散等），可起到较好的预防效果。

（2）科学饲养，加强管理，提高禽群整体抵抗力。选择适宜的饲养方式；保持适宜的饲养密度、光照、温度和湿度环境，保持适量的通风换气，尽量减少应激反应的产生；经常检查饲料质量，防止饲料的霉变；及时清除粪便和发霉垫料；适时做好冬季保暖和夏季防暑降温、防虫灭虫工作。

（3）做好鸡新城疫等疫病的防治工作，避免免疫抑制病的发生。选用 SPF 疫苗，制定科学的免疫程序，做好 ND、IBD、MD 等的免疫接种工作，使鸡群保持较高的新城疫 HI 抗体滴度。重点做好对有较强免疫抑制作用的病毒性传染病如 IBD、MD 等的防治工作，避免免疫抑制病的发生。

（二）选择优质 AI 疫苗，制定科学的免疫程序，切实做好免疫工作

1. 优质 AI 疫苗选择的依据

禽流感疫苗的选择依据应遵循以下四条原则。

（1）应有针对性选择本地区流行的血清亚型和多价禽流感疫苗。

（2）应选择能够产生具有高抗体高保护力的禽流感疫苗。

（3）选择副作用小的禽流感疫苗，尽量避免影响生产性能。

（4）应是国家正规兽用生物制品生产厂家生产并经批准允许使用的禽流感疫苗。

2. 科学免疫程序的制定

免疫程序的制定应综合考虑饲养方式、疫病流行特点、本地区本场污染程度、管理水平等因素。有条件的，可根据禽流感 HI 抗体水平来决定免疫时间。

（1）集中免疫。农村散养户家禽应在当地动物防疫机构的指导下由村级防疫员实施春、夏、秋三季集中免疫，免疫密度达到 100%。

（2）程序化免疫。低致病性禽流感免疫：使用 H9N2 亚型疫苗，免疫程序为 20~30 日龄首免，产蛋前二免，以后根据抗体检测结果决定免疫时间。无抗体检测条件的可 4~5 个月免疫 1 次。高致病性禽流感免疫：使用禽流感H5+H9 二价灭活疫苗或重组禽流感病毒灭活疫苗，免疫程序为 2 周龄首免，50~60 日龄二免，产蛋前三免，进入产蛋期根据抗体检测结果决定免疫时间，无检测条件时 3~4 个月免疫 1 次。有变异毒株流行时，10 日龄免疫 Re-4 株，30 日龄免疫 Re-4+Re-1 株，产蛋前免疫 Re-4+Re-1 株，产蛋期免疫 Re-4+Re-1 株，3~4 个月免疫 1 次。

3. 切实做好免疫工作，提高禽群有效免疫密度和质量

认真贯彻执行"真苗、真打、真有效"的防疫工作理念，做好边境地区、养殖密集区、高危地区和水网地区的免疫工作，切实加强农村水禽和散养家禽的免疫。采取有效措施，保证疫苗质量，严格做到"注射部位准、剂量足、消毒严、杜绝打空针和飞针"，保证免疫密度和免疫质量。

（三）加强检疫监督，做好疫病监测和免疫抗体检测

1. 加强禽类产地检疫和屠宰检疫

动物卫生监督机构指派的官方兽医应严格按照《中华人民共和国动物防疫法》和国家标准、行业标准及《动物检疫管理办法》的规定，临场到户临栏检疫率达到 100%，未经检疫的禽只不得出具检疫合格证明。检疫过程中发现异常情况，应立即向县（市）动物卫生监督机构报告，并采取有效隔离控制措施，防止禽只转移。动物卫生监督机构应向禽类屠宰场（点）、肉类联合加工厂派驻官方兽医，对禽类动物的调入、屠宰、加工及其产品调出进行全过程检疫监督。对集贸市场、活禽交易市场、宠物市场、禽类产品经销单位出售的禽类及产品定期进行巡回督查，严厉打击非法经营活动。

2. 加强动物卫生监督行政执法

各级动物卫生监督机构应加强对禽类养殖、屠宰、加工、贮藏、运输、销售等环节的监督检查，重点打击逃避检疫和经营未经检疫禽类及其产品的违法行为，特别是非法收购、屠宰、加工、销售染疫或疑似染疫以及病死禽类的行为。

3. 建立健全流行病学风险评估体系，做好禽类疫病监测工作

各级动物疫病预防与控制机构应按照兽医主管部门制定的本地区动物疫病监测实施方案，建立健全流行病学风险评估体系，切实做好本地区动物疫情监测和动物流行病学调查、分析、评估、预警工作，随时掌握当地动物疫病发展趋势。

4. 建立本场免疫检测机构，定期准确检测免疫抗体状况

禽流感需要不断地免疫，以保证抗体水平在保护值以上，一般要求 H5 大于 5、H9 大于 8。有条件的规模养殖场（户）应建立本场免疫检测机构，定期检测免疫抗体状况，以评估免疫效果和确定免疫时间；无条件的，可通过当地动物疫病预防控制中心对本场（户）抗体检测的结果进行风险评估和免疫时间的确定。

（四）发病后应采取的措施

对于低致病性禽流感，确诊后用疫苗紧急免疫接种，一般在接种后 2~3 周可以控制疾病流行，同时使用抗生素控制继发感染。对于高致病性禽流感，一旦发现疑似病例，要及时上报当地兽医行政管理部门，确诊后由政府采取划定疫点疫区严格封锁、疫区内进行无害化处理和严格消毒、紧急免疫接种、严格的隔离和消毒等控制扑灭措施，养殖户不能私自采取任何措施。自疫区内最后一只禽类动物被扑杀处理后，经过 21 d 以上的检测，未再发现新的病例，经全面彻底消毒后，报上一级动物卫生监督机构验收合格，由当地兽医行政管理部门申请原发布封锁令的人民政府宣布解除封锁。

第九章　支原体疾病

第一节　禽滑液囊支原体

一、病原学

鸡支原体病的病原体是禽败血霉形体，属于霉形体目霉形体科霉形体属的一个致病种，是一种介于细菌和病毒之间无细胞壁的原核生物，它的形态多样，质地柔软，能通过细菌滤器，以芽生方式或二分裂法繁殖，在具有自体繁殖和合成自身大分子的微生物中，体积最小，结构也最简单。吉姆萨染色着色良好，革兰氏染色呈阴性，表现为多形性球状体或球杆状，在电子显微镜下观察形态不一，多见圆形或梨形。能在人工无细胞培养基中培养，常用改良 Frey 氏培养基来培养，培养基中加入猪血清来提供生长所必需脂肪酸和胆固醇，培养适宜温度为 37 ℃，于 8% CO_2 培养 3~5 d 后，可在显微镜下观察到隆起、煎蛋样菌落。初次分离培养时，用棉拭子采集鼻腔、气管、肿胀关节及气囊等部位的样品，将棉拭子内容物挤压到液体培养基中进行培养，污染概率低，分离率较高，也可通过卵黄囊接种 9 日龄鸡胚，6~11 d 后，死胚表现为胚体发育不良、全身水肿、肝坏死、脾肿大，皮肤出血点、绒尿膜出血等。MS 对外界环境的抵抗力较差，在羽毛中可存活 3 d，在棉织物中存活 2 d，在木头、秸秆中存活 12 h，体内对大环内酯类抗生素产生抗性，对酸和 39 ℃以上高温敏感。MS 只有一个血清型，经 DNA-DNA 杂交技术证实，MS 不同菌株间的差异很小，也可用 DNA 核酸内切酶分析技术对各菌株进行鉴别。

二、流行病学

MS 以感染鸡、火鸡、珍珠鸡为主，其他家禽均可感染，但哺乳动物不易感。MS 常年均可发病，但气候多变的寒冬更为严重；各日龄均可感染，成年鸡多表现为隐性感染，28~120 日龄鸡群最为易感，不同鸡群对 MS 抵抗力也有差别，引进品种或品系的鸡发病率要高于本土品种，商品代蛋鸡群 MS 感染阳性率高于父母代，父母代比祖代要高。病鸡及隐性感染鸡群为该病主要的传染源。该病主要通过被带菌鸡分泌物污染的饲料、空气、羽毛、饮水等接触传播，发病的公鸡在交配时、环境中吸血昆虫也可传播此病，本病也能通过带菌的种蛋垂直传播。MS 发病率高，但死亡率通常不超过 10%。产蛋鸡产蛋下降可高达 20%。MS 与其他致病因子如新城疫、鸡传染性支气管炎、大肠杆菌等病原混合感染时，会加剧呼吸道症状，尤其是气囊炎的发病程度会严重。

三、临床症状

（一）临床及病理变化

鸡滑液囊支原体病可发生于各个日龄的蛋鸡，所引起的呼吸道症状并不明显，这是一种由急性到慢性的过程性疾病，受害部位在关节的滑液囊膜及腱鞘，也造成蛋壳尖端缺陷（Eggshellapexabnormalities，EAA）：蛋壳表面出现黑色、粗糙斑点，光照时钝端出现明显透光性强的分界线。扫描电镜下，正常蛋壳会有内膜、乳状突起层和细胞层。MS 感染的鸡胚没有乳状突起层，细胞层也变窄，内膜层变厚。初期鸡冠苍白、采食量下降、精神沉郁；随着病情发展，跖骨伸肌变弱，跗骨间关节内可见黄色、黏性至干酪样渗出物，脾脏肿胀，出现关节肿胀、热痛、跛行，甚至站立不起，从而造成雏鸡、青年鸡生长发育受阻，产蛋鸡生产性能下降，鸡群的残次率增加，少数患鸡胸部皮下滑液囊肿，大如蚕豆至鸽蛋；经呼吸道感染的鸡则表现呼吸道症状，咳嗽、喷嚏、流泪，轻度啰音。有些慢性感染的蛋鸡腿瘫、关节肿大的症状并不典型，病鸡呈现生长发育缓慢，消瘦，羽毛粗乱，鸡冠苍白、萎缩，严重的可继发感染新城疫、传染性支气管炎、大肠杆菌病而死亡，自然条件下如无继发感染，饲养管理条件佳，感染鸡死亡率较低。

（二）病理变化

感染初期，跗骨屈肌腱和伸肌腱的滑液中渗透嗜异细胞和淋巴细胞，心脏和肝脏中可见中性淋巴细胞浸润。中期，滑膜增生与嗜异细胞、巨噬细胞和淋巴细胞的弥漫性渗透共同发生。增生的上皮组织中有血管周和结节状淋巴细胞浸润；心脏、肝脏、肾脏均有大量中性淋巴细胞，含有许多尿酸盐，呈斑驳状；脾脏淋巴细胞减少，单核巨噬细胞增多，出现独立的类纤维蛋白小点；肺脏的三级支气管壁、肺泡、小叶间隔及二级支气管黏膜出现淋巴细胞浸润。后期，心肌细胞间也出现大量淋巴细胞；脾脏出现结节状增生；肺泡和三级支气管壁上出现坏死点，滑膜炎的关节腔和腱鞘中可见异嗜性白细胞和纤维素性浸润，滑液囊膜因绒毛的形成，其下层淋巴细胞和巨噬细胞浸润而增生。

四、防治措施

（一）注意生物安全

（1）做好蛋鸡种源的检疫鸡滑液囊支原体病因其水平传播和垂直传播的复杂传播途径，一旦引入很难清除。因此，在引进雏鸡时一定要谨慎，防止将病原引入鸡群。需做好种禽场和进口原种的检疫关，加强祖代和父母代种鸡群 MS 的流行病学监测，坚持预防为主、强化管理、综合防治的原则，从源头上控制本病的发生和流行，致力于无 MS 感染蛋种鸡群的培育与推广。

（2）全进全出的饲养制度流行病学调查结果显示，同一鸡场不同鸡群之间交叉感染的概率很高，对于非全进全出的鸡场来说，感染 MS 的鸡群终生处于感染状态，其外观健康的鸡体内也能分离出 MS 病原体，持续不断的循环感染是造成本病绵延不绝的主要原因。连续的药物和疫苗防治也只能减少发病，而不能彻底净化，且 MS 对环境的抵抗力较弱，存活时间较短，鸡舍空舍 1 周以上可有效地降低病原数量，因此全进全出的饲养制度对于控制本病十分关键。

（3）警惕其他传播途径卵黄抗体和疫苗等兽用生物制品的污染也是 MS 的一种常见传播途径。如经常使用不正规厂家采用普通蛋鸡胚培养制造的活疫苗，经卵传播的 MS 在鸡胚中发育污染疫苗，后又通过疫苗接种传给被接种鸡；在养鸡中卵黄抗体的应用是较多的，有些厂家使用的鸡蛋来自普通鸡群，普遍带有 MS，通过注射也会将 MS 传给相应鸡群。

（二）加强饲养管理

在当前 MS 污染严重的养殖环境下，鸡群会因拥挤，鸡舍内空气污浊，氨气含量超标以及舍内温度偏低等激发本病，故需做好鸡群日常饲养管理工作，抓好鸡群的生长发育构建良好抵抗力的同时，将各类易引发鸡群应激、疾病的不良因素有效控制，为本病的防控做好基础。

（三）进行免疫接种

目前 MS 耐药菌株的不断出现，应用药物难以将鸡群中的 MS 根除，以及禽产品的药物残留，寻找新的防控思路势在必行。鉴于鸡毒支原体疫苗已经得到养殖用户的广泛认可，为 MS 相关疫苗的研制提供了宝贵思路。但目前仅在澳大利亚等国家有商品化的 MS 灭活疫苗和弱毒疫苗应用，国内尚无 MS 疫苗上市。为减少鸡 MS 的发生，有条件的鸡场可考虑进行疫苗接种，种鸡群应采取措施对该病进行净化，以杜绝垂直传播。

（四）药物治疗

（1）药物预防可在小鸡出壳后 10 d 内，将对 MS 敏感有效的抗生素（如枝原净、恩诺沙星等）通过饮水或拌料等方式，连用 3~5 d 进行预防性投药，以减少垂直感染的小鸡再通过水平传播感染其他健雏，此后在育雏、育成期也要定期预防性投药药物 3~5 d。目前对 MS 的常见敏感药物有氟苯尼考、枝原净恩诺沙星、四环素类、链霉素等，因此，在预防本病时应首先考虑采用这些药物，它们不仅能有效预防滑膜囊支原体感染，还可防治其他细菌性疾病。

（2）药物治疗采用前述常见敏感药物来治疗本病。支原净能有效杀灭滑液囊支原体，且有效降低鸡的死淘率，稳定鸡的产蛋率、受精率、孵化率及健雏率，且枝原净是畜禽专用抗生素，避免了人畜共用抗生素易发生的交叉耐药性问题。恩诺沙星也表现出较好的控制 MS 的效果，且其与其他一些抗生素如替米考星、泰乐菌素等联合用药会起到更好的防治效果。

（3）科学选药，合理用药蛋鸡群确诊发生本病时，尽快采用敏感药物进行治疗。可结合实验室 MS 分离及药敏结果，但实验室 MS 的分离及培养周期太长，临床药敏试验较为困难，给用药方案带来不便，因此可采用间歇用药和轮换用药来提高药物的使用效果。选择敏感的药物，并给予充足的给药剂量、足够的用药疗程可对 MS 起到很好的控制效果。此外，MS 不仅是致病原，而且还是致病增强因子，所以在治疗 MS 感染的同时应考虑及时有效控制继发或并发感染。

第二节　鸡毒支原体

一、病原学

鸡毒支原体（Mycoplasma Galliscepticum，MG）在分类学上属于软皮体纲（Mollicutes）支原体目（Mycoplasmatales）支原体科（Mycoplasmataceae）支原体属（*Mycoplasma*），大小介于细菌和病毒之间，无细胞壁，显微镜下呈细小球杆状，形态多样，为革兰氏阴性菌。目前发现的 MG 血清型只有 1 种，但各个分离株之间的致病性和趋向性并不一致。其对环境抵抗力很弱，不耐高温，在水中立刻死亡；在 20 ℃的鸡粪内可存活 1~3 d；在卵黄内 37 ℃时存活 18 周，45 ℃时 12~14 h 即可死亡；离体后迅速失活，一般消毒剂均能迅速杀灭。菌株易在鸡胚卵黄囊内繁殖，使胚体发育不良并伴有水肿、出血等病理变化，能凝集鸡、火鸡红细胞，在试管中能与血凝阳性株的抗血清发生凝集。

二、流行病学

MG 易感染鸡和火鸡，尤其以 1~2 月龄的雏鸡和纯种鸡最为易感，一年四季均可发病，在寒冬及早春最为严重，发病率高，死亡率低，呈世界性流行。1976 年，哈尔滨兽医研究所从慢性呼吸道鸡群中分离到 MG，随后在 1984 年，毕丁仁等首次从北京和南京两地分离到的 61 株支原体中含有 MG，之后在全国范围内迅速传播。目前，我国鸡群的 MG 感染阳性率已达 50%~80%。本病常与传染性支气管炎病毒、新城疫病毒、传染性喉气管炎病毒、传染性法氏囊病毒、大肠杆菌、鸡嗜血杆菌等继发或并发感染，从而加剧病情使病死率升高。MG 的传播方式主要有 2 种：水平传播和垂直传播。前者是病原菌通过带菌鸡的咳嗽、喷嚏等产生的飞沫以及被支原体污染的饲料、饮水等环境条件的传播，其传染源主要是病鸡和隐性感染的鸡。后者是由感染母鸡经种蛋传递给雏鸡，或感染本病的种公鸡经交配通过精液传给母鸡，这是造成病原菌代代相传、疾病不断流行的主要原因，也是MG 难以净化的根本原因。

三、临床症状

该病病程长可达 3~4 个月，潜伏期仅 4~21 d。其主要感染禽类呼吸道，表现为咳嗽、打喷嚏、气管啰音等，常有鼻涕堵塞鼻孔而使呼吸困难、频频甩头，个别鸡眼内有泡沫分泌物。病情严重时，鸡只眶下窦肿胀以致眼睑闭合、一侧或两侧鼻窦炎，不同日龄的鸡只也表现特征性的症状。

幼龄鸡主要表现为上呼吸道及其邻近组织的黏膜发炎，出现浆液性、黏液性鼻液，引发窦炎、结膜炎和气囊炎。随病程的发展，进而出现呼吸困难、咳嗽、生长停滞、死亡率可高达 10%。产蛋鸡感染后，呼吸症状不太明显，但产蛋量和孵化率明显降低，种蛋孵出的雏鸡活力降低。育肥鸡感染饲料转换率降低、育肥期延长。

将病鸡进行剖检可见鼻道、副鼻道、气管、支气管、气囊有卡他性渗出物，气囊呈水肿样肥厚，表面呈淋巴滤泡样外观（珠状），内容物呈干酪样，严重的还会出现肺炎、心包炎、肝被膜炎等，蛋鸡还见输卵管的炎症，与大肠杆菌混合感染时，可见纤维性心包炎和肝周炎。

四、防治措施

疾病的防治主要以"预防为主，防治结合"的原则进行，首先我们应加强饲养管理：冬季保温夏季防暑；其次要保证环境卫生，定期对鸡舍进行消毒，减少饲养密度，创造一个良好的生长环境，防止病原微生物的滋生，对于已经感染的鸡群应及时隔离，切断传染源防止扩散；最后要合理配合日粮，定期添加维生素来加强机体自身的免疫力。

（一）纯化鸡群

定期检疫并淘汰阳性鸡，净化种鸡群，建立无支原体的种鸡群是控制 MG 最根本的措施。实践表明，接种 F 株弱毒苗可以逐步取代鸡场中的野毒 MG，能有效净化 MG 鸡群。加强饲养管理，将不同日龄的鸡分群饲养，同一鸡舍以全进全出的方式进行，种鸡则单独饲养，定期投药、检疫淘汰阳性鸡，孵化前对种蛋进行消毒等都可有效净化 MG 鸡群。

（二）免疫预防

目前，用于 MG 预防的疫苗主要有弱毒苗和灭活苗。使用灭活苗：5~10 日龄鸡首免，皮下注射 0.5 mL/只，15~25 日龄时二免，皮下注射，1 mL/只，以后每年春秋各接种 1 次（蛋鸡产蛋前或产蛋中期接种 1 次），1.0~1.5 mL/只。也可用弱毒苗：3~5 日龄初免，60~80 日龄二免；弱毒苗和灭活苗联合使用时，先弱毒苗，再灭活苗。

MG 油乳剂灭活苗接种于 15~30 日龄的鸡，能有效抵抗强毒株攻击，但对于 10 日龄前的雏鸡免疫效果不理想。对于 MG 阳性感染的鸡场连续两代使用 MG 油乳剂灭活苗，能有效降低其感染率。宋勤叶等通过实验发现无论攻毒前还是攻毒后，MG 灭活苗接种蛋鸡均能有效降低 MG 的垂直传播。

在 MG 的预防中，常见的活疫苗主要有 Ts-11、6/85、F 株等，虽然都对 MG 强毒株有一定的抵抗能力，但 F 株抵抗力更强。MG 康涅狄克 F 弱毒苗可以置换强毒而使感染鸡得到保护，且致病力弱，通过雏鸡滴眼接种，不会引发任何症状，是良好的弱毒苗菌株。免疫 MGF 弱毒苗，不仅使鸡群后期 MG 的感染有一定的免疫保护力，还能够改善鸡群饲料转化率，提高鸡只的生产性能，提高经济效益。对肉鸡 MGF 弱毒苗免疫，不干扰鸡体内自身的代谢平衡，不影响育肥，不影响肉质。MGF 弱毒苗对 MG 野毒株也有一定的抑制作用，鸡群中接种 F 株弱毒苗，能有效抵抗环境中野毒的侵袭，也能够降低种蛋传播。

（三）抗生素治疗

目前，我国采用抗生素疗法，常用的药物包括大环内酯类、氟喹诺酮类、四环素类等，虽然都有一定的疗效但效果并不理想，泰乐菌素针对性较强，能有效杀灭 MG，是一种理想的药物。对于单个感染的成年鸡我们可以用链霉素 20 IU/d，分 2 次注射，连用 3~4 d。大群感染选用泰乐菌素 100 g 兑水 200 L，混饮 3~5 d 后换用罗红霉素 100 g 兑水 1 000 L，连用 3~5 d，疗效显著。MG 存在于器官纤毛尖部，药物难以到达，这就使得支原体长期在体内存活而无法去除，因此我们在用药时应坚持长期、轮换和联合用药。但长期使用抗生素会造成药物残留、极易产生耐药性及畜产品药物残留超标等问题，严重影响了人畜健康及公共卫生安全，不是长久的方案。2008 年林居纯等关于 2004—2006 年临床分离的 33 株 MG 对大观霉素、罗红霉素、泰乐菌素等 12 种抗菌药物进行了耐药性调查，发现有 27 株为多重耐药，所占的比率为 81.81%，北京、广东等地区 MG 对多西环素和氟苯尼考的耐药性增高，对氧氟沙星和恩诺沙星的敏感性也降低，可见 MG 的耐药性相当高，完全不利于鸡毒支原体的临床治疗。

（四）中草药治疗

对 MG 引起的病症，从中医药学理论来看主要表现为正气虚弱、热毒内侵，故主要用清热药进行治疗。孟东霞等用超微粉复方参麻散（黄芪、当归、明党参、麻黄、杏仁、陈皮、茯苓、金银花、穿心莲、鱼腥草、甘草）和复方明草散（石决明、决明子、黄芩、鱼腥草、黄芪、甘草等）制成 3 g/mL 的实验药液，结果表明 0.1% 的复方参麻散就能达到西药对照组的治疗效果，治愈率达 94%，减轻 MG 对气囊的损伤，且不易复发。王海燕等利用麻黄鱼腥草口服液对人工感染 MG 的 6 组 180 羽鸡进行试验，临床结果显示 4 mg/L 时与对照药物泰乐菌素 0.5 g/L 时效果相同，且长期使用不会产生耐药性，治疗好的感染鸡体重增加比对照组显著，说明该中药成分能增强机体消化吸收和合成代谢，促进生长发育，提高生产性能。由此可见，中草药在 MG 防治中疗效显著，而且长期使用不会产生耐药性，药物能够完全代谢不会产生药物残留，是一种环保、安全的好药，研制出一种新的复方中草药制剂对我国养禽业的发展意义重大。

第十章 营养代谢病

第一节 维生素 A 缺乏症

一、维生素 A 的作用

（一）维生素 A 的功能

维生素 A 的主要功能是维持动物上皮组织结构的完整性，能促进上皮细胞合成酸性黏多糖，磷酸视黄醇酯作为单糖基的载体，可促进糖蛋白的合成。而糖蛋白是细胞间质的主要成分，胞膜糖蛋白的合成，具有黏合和保护细胞膜的作用，因此能维持一切上皮组织的完整性。缺乏维生素 A 时，上皮增生、角化，表现为皮肤黏膜干燥，易受细菌感染。其中受影响最严重的是眼、皮肤、呼吸道、消化道、泌尿生殖道等。

（二）维持正常视觉

维生素 A 是合成视紫红质的原料，视紫红质存在于动物视网膜内的杆状细胞中，由视蛋白与视黄醛结合而成的一种感光物质，可促进视觉细胞内感光色素的形成，参与合成眼底感光物质。视紫红质遇光后，其中的 4-顺-视黄醛变为全反视黄醛，因为构象的变化，引起对视神经的刺激作用，产生视觉。而遇光后视紫红质不稳定，迅速分解为视蛋白和全反视黄醛，重新开始整个循环过程。维生素 A 可调节眼睛适应外界光线强弱的能力（特别是暗视觉）、维持正常的视觉反应、有助于多种眼疾（如眼球干燥与结膜炎等）的治疗，以及降低夜盲症和视力减退的发生。如果血液中维生素 A 水平过低时，就不能合成足够的视紫红质，从而导致功能性夜盲症。

（三）维持生长发育

这与视黄醇对基因的调控有关，视黄醇具有相当于类固醇激素的作用，能促进肾上腺皮质类固醇的生物合成，促进黏多糖的生物合成，对核酸代谢和电子传递都有促进作用，进而促进了动物机休生长发育。缺乏维生素 A 时，动物某些器官的 DNA 含量减少，黏多糖的生物合成受阻，因此生长迟缓。

（四）其他

维生素 A 可提高繁殖力，视黄酸在胚胎发育中起重要作用，可促进性激素的合成。有助于维持家禽免疫系统功能正常，改变细胞膜和免疫细胞溶菌膜的稳定性，免疫球蛋白的产生增加，提高了机体免疫能力。同时能增强对传染病特别是呼吸道感染及寄生虫感染的抵抗力。维生素 A 也有一定的抗氧化作用，可清除体内自由基，中和有害的游离基。

二、发病原因

日粮中维生素 A 或胡萝卜素（维生素 A 原）供给不足或需要量增加。禽类体内没有合成维生素 A 的能力，其体内所有的天然维生素 A 都来源于维生素 A 原，而干谷、米糠、麸皮、棉籽等饲料中，几乎都不含维生素 A 原；饲料经过长期贮存、烈日暴晒、高温处理等均可加速饲料中维生素 A 类物质的氧化分解过程，导致维生素 A 缺乏；日粮中蛋白质和脂肪不足，不能合成足够的视黄醛结合蛋白质去运送维生素 A，脂肪不足会影响维生素 A 类物质在肠中的溶解和吸收；胃肠吸收障碍，发生腹泻或肝脏疾病，使其不能利用及储藏维生素 A。

三、临床症状

种鸡缺乏维生素 A 易引起黏膜、上皮角化变质，繁殖机能障碍。维生素 A 缺乏可造成公鸡的睾丸生殖上皮变性、睾丸退化、采精量减少、精子密度低，使受精率降低；母鸡的卵巢退化、产蛋率降低、孵化率降低、死胎增多、弱雏比例增多。

雏鸡表现出明显的症状：病鸡精神委顿、食欲不振、生长停滞、消瘦衰弱、羽毛蓬乱、趾爪蜷缩、步态不稳甚至不能站立，往往用尾支地。该病的特征性症状是病鸡眼中流出牛奶样渗出物，眼睑肿胀，并被渗出物黏合；严重时眼内有干酪样物沉积，眼球凹陷，角膜混浊不透明，呈云雾状、变软，严重者失明，最后因采食困难而衰竭死亡。

幼禽和初开产的母禽，常易发生维生素 A 缺乏症。鸡一般发生在 1~7 周龄，若 1 周龄的鸡发病，则与母鸡缺乏维生素 A 有关。病雏鸡消瘦，喙和小腿部皮肤的黄色消退。口黏膜有白色小结节或覆盖一层白色的豆腐渣样的薄膜，但剥离后黏膜完整并无出血溃疡现象。食管黏膜上皮增生和角化。

成年鸡发病通常在 2~5 个月内出现症状，病鸡体温多在 42 ℃以上，临死前降至 37 ℃以下，呈慢性经过。冠白有皱褶，爪、喙色淡。由于肾小管上皮变性，滤过功能降低，造成尿酸盐沉积而排泄白色石灰渣样的粪便，继发或并发家禽痛风或骨骼发育障碍所致的运动无力、两脚瘫痪，以免疫力低下和夜盲症为主要特征的营养代谢性疾病。

病理变化：口腔、咽部及食管黏膜上出现许多灰白色小结节，有时融合成片，成为假膜，甚至扩展至嗉囊，此为该病特征性病变，成年鸡比雏鸡明显。雏鸡患维生素 A 缺乏症时，还会出现肾脏肿大、颜色变淡、肾小管尿酸盐沉积，重症时输尿管也会出现尿酸盐，且在心、心包、肝、脾上也可见白霜样尿酸盐覆盖。

四、防治措施

根据生长与产卵不同阶段的营养要求特点，调节维生素、蛋白质和能量水平，保证其生理和生产需要。

避免饲料放置时间过久，也不要预先将脂溶性维生素 A 掺入饲料中或存放于油脂中，以免维生素 A 或胡萝卜素遭受破坏或被氧化。

治疗时要先消除致病病因。必须立即对病鸡用维生素 A 治疗，剂量为日维持需要量的 10~20 倍。可投服鱼肝油，每只每天喂 1~2 mL，雏鸡酌情减量。对发病的大群鸡，可在每千克饲料中拌入 2 000~5 000 IU 的维生素 A。只要病情不太严重，多数鸡可很快康复。由于维生素 A 不易从机体内迅速排出，长期过量使用会引起中毒，应注意防止。

第二节 锌缺乏

一、锌的作用

锌是动物体内的必需微量元素，作为酶的结构组成元件特别是活性中心（催化或辅助催化）的组成元件广泛参与细胞各种生理功能；另外，饲粮锌还为维持动物机体正常的免疫功能、骨骼发育所必需。可加速鸡体和羽毛的生长发育，维持皮肤、黏膜的正常结构和功能，参与某些氨基酸的合成，增强免疫力，帮助锰、铜的吸收，促进胡萝卜素转化为维生素 A，减少维生素 A 排泄量，锌还影响种蛋的受精率、孵化率。

二、发病原因

锌与其他矿物质元素拮抗作用的影响：当土壤或植物中钙、碘、铜、锰、锡等元素含量增高，特别是钙含量增高时，就会降低锌的吸收或其生物学功能。

饲料中植酸盐与锌结合，一些半纤维素、氨基酸与糖的复合物也能与锌结合，降低吸收率。当饲料中的锌含量处于 10~30 mg/kg 以下的低水平，可发生缺锌病。

当日粮中蛋白质含量过高时锌的供应必须随之增加，否则会出现锌缺乏症。

土壤或植物中有效锌含量不足造成饲料缺锌。

各种应激、管理条件的改变，初产鸡提高产蛋率时，锌的需要量增加而不能满足时，会出现锌缺乏症。

三、临床症状

雏鸡缺锌后，采食、饮水迅速减少，生长缓慢甚至停滞，活力降低，有的产生昏厥现象。腿软，不能站立，受惊则呼吸困难。多发生皮炎，胫骨短而粗，关节肿大、僵硬。翅发育受阻，尾、翅大羽减少。羽毛生长不良，无光泽，屈曲不平，羽毛末端出现折损，以翼、尾羽较为严重。严重缺乏者羽轴弯曲，出现角化坏死性囊状结节。胫、足部有坏死性皮炎，皮肤容易成片脱落是鸡缺锌的明显表现。

在种鸡，表现为母鸡产蛋率、孵化率降低，蛋壳较薄，死胚较多。鸡胚畸形，孵化期满而无力破壳，部分孵出的雏鸡站立困难，几天内全部死亡。

四、防治措施

当饲料中锌含量不足或其他原因发生缺锌病时，及时补锌是根本的防治方法。硫酸锌、碳酸锌、氧化锌都是锌的有效来源。也有报道介绍氨基酸螯合锌如蛋氨酸螯合锌，补锌效果更好。

鸡日粮中锌最适量为 50~100 mg/kg，但在应激、疾病、产蛋旺季应适当增加锌含量，以充分保证鸡对锌的需要。

种鸡场要根据鸡的生长，产蛋等情况和饲料中的各种微量元素如钙、铁、铜等变化随时调节饲料中锌用量。肉种鸡育雏和育成期饲料中锌的含量以 44 mg/kg 为宜，产蛋前期和产蛋期饲料中以 75 mg/kg 为宜，蛋种鸡育成期 35~40 mg/kg 为宜，产蛋期 55~65 mg/kg 为宜。在预防和治疗过程中要注意给锌量不要过高或时间过长，防止造成鸡贫血和厌食。

第三节　硒缺乏症

一、硒的作用

硒是鸡生长发育过程中必不可少的微量元素之一，它对刺激鸡体免疫球蛋白的产生，增强鸡体抗病力有极为重要的作用。过去一直认为是有毒元素，直到 1957 年才知道，适量的硒（0.3~1 mg/kg）可防治白肌病、鸡渗出性素质、肝坏死。硒与 VE 有相互促进和协调作用，都是体内的抗氧化剂，对体内脂质，细胞膜过氧化的保护作用，硒参与几种酶的合成，也是谷胱甘肽过氧化酶的成分。硒还与维生素 E、维生素 A、维生素 K、维生素 C 吸收，与视觉、防止重金属镉、汞、银的中毒，增加抗体，防止癌症均有很大作用和密切关系。硒和维生素 E 仅一方缺乏，引起的缺乏症状比较轻，双方都缺乏则症状加重。但维生素 E 在生殖机能方面的功用是硒不能补偿的。

（一）硒和硒蛋白的生物学功能

提高机体免疫首先硒能使血液中免疫球蛋白水平升高或维持正常，还能增强对动物疫苗或其他抗原产生抗体的能力。其次硒能增强机体细胞免疫功能，增强淋巴细胞转化能力和迟发性超敏反应。最后硒能影响机体的非特异免疫反应。

硒与甲状腺功能甲状腺是碘的贮存池，并合成甲状腺素。甲状腺素分为 T4（无活性）、T3（有活性）和 rT3（去活化状态）。碘化甲状腺氨酸脱碘酶系（ID 酶系）硒蛋白中的第二大类，能将无活性的甲状腺原（T4）转化为具有活性的三碘甲腺原氨酸（T3），并参与甲状腺素的调节。

（二）硒与繁殖力

在动物机体中存在与正常繁殖力有关的硒蛋白是精子被膜硒蛋白。它是构成精子尾部中段的主要成分，它对其结构功能起重要作用。此外，硒还具有其他一些功能。如参与辅酶 A 和辅酶 Q 的合成，可促进丙酮酸脱羧，加强 a—酮戊二酸氧化酶系统的活性，并在三羧酸循环和呼吸链电子的传递中发挥作用。同时它能减弱汞、铅、钛、砷等非必需微量元素的毒性，可以减轻维生素 D 中毒引起的主动脉、心、肺和肾的损害，在对抗氯化物的毒性方面，硒比锌的效能强 100 倍。

（三）硒会引起中毒

过量的硒会引起中毒，硒中毒分为两种：一种是急性中毒，摄入 500~1 000 mg/kg 可引起急性和亚急性中毒，其症状为腹泻、体温升高、脉搏加快、衰竭、组织大量出血和水肿，运动功能障碍，病理变化表现为肝坏死，肝细胞水肿变性，肾组织充血，肾上皮细胞变性或坏死，心肌纤维变性并发生弥漫性心肌坏死，由于呼吸困难，可导致死亡；一种是慢性中毒，各种动物长期摄入 5~10 mg/kg 硒可产生慢性中毒，其表现是消瘦或贫血、关节强直、脱蹄、脱毛和影响繁殖，家畜慢性硒中毒通常表现为"家畜晕倒病"，亦称其为"碱毒病"。硒化合物毒性作用的机理可能是攻击特定的脱氢酶系统，尤其是琥珀酸脱氢酶。硒中毒亦可能与腺普蛋氨酸的损耗有关。硒化氢对细胞色素氧化酶有强烈的抑制作用。

二、发病病因

我国大部分地区为缺硒地区，往往由于饲料的原料中缺硒或含量不足，忽略添加或微量元素添加剂质量低劣，当维生素 E 又缺乏时更易发病。

三、临床症状

该病主要见于雏鸡，成鸡也有时发生，临床表现为脑软化症、渗出性素质、肌营养不良等症状。

脑软化症病雏表现为共济失调，头向下弯缩或向一侧扭转，也有的向后仰，步态不稳，时而向前或向侧面倾斜，两腿阵发性痉挛或抽搐，翅膀或腿发生不完全麻痹，腿向两侧分开，有的以跗关节着地行走，倒地后难以站起，最后衰弱死亡。剖检可见小脑软化及肿胀，脑膜水肿，有时有出血斑点，小脑表面常有散在的出血点。严重病例，可见小脑质软变形，甚至软不成形，切开时流出乳糜状液体，轻者一般无肉眼可见变化。

渗出性素质病雏颈、胸、腹部皮下水肿，呈紫色或蓝绿色，腹部皮下蓄积大量液体，穿刺流出一种淡蓝绿色黏性液体，胸部和腿部肌肉、胸壁有出血斑点，心包积液和扩张。

肌营养不良病鸡消瘦、无力、运动失调，病理变化主要表现在骨骼肌特别是胸肌、腿肌，因营养不良而呈苍白色，肌肉变性，似煮肉状，呈灰白色或黄白色的点状、条状、片状不等，横断面有灰白色、淡黄色斑纹，质地变脆、变软，心内、外膜有黄白色或灰白色与肌纤维方向平行的条纹斑，有出血点。肌胃切面呈暗深红色夹杂黄白色条纹。

四、防治措施

预防本病的关键是补硒。缺硒地区需要补硒，本地区不缺硒但是饲料来源于缺硒地区也要补硒，各日龄的鸡对饲料中硒含量要求为 0.15 mg/kg。硒的作用在很多方面与维生素 E 有密切关系，饲料中维生素 E 含量与机体对硒的需求量密切相关，若两者之一缺乏，则对另一种的需求量提高，因此要注意两者同时添加。要避免饲料因受高温、潮湿、长期贮存或受霉菌污染而造成维生素 E 的损失，对于发育鸡群，要及时添加亚硒酸钠和维生素 E，硒的添加量为0.1 mg/kg 饲料，维生素 E 的添加剂量为 10 IU/ kg 饲料，同时在水中加亚硒酸钠维生素 E 注射液，每 20 kg 水中加入 0.005%亚硒酸钠、维生素 E 注射液 10 mL，连用 3~5 d，对于重症鸡也可肌内注射，每只鸡 0.2~0.5 mL，隔天注射，连用 2~3 d 效果更好。

第四节　锰缺乏症

一、锰的作用

锰是鸡生长、生殖以及一系列生命活动所不可缺少的必需微量元素之一，在家禽生产中起着重要作用。锰是多种酶的组成成分和激活剂，对鸡具有促进生长和免疫等作用。鸡缺锰时表现出营养代谢紊乱、生长减慢、发育受阻、腿骨异常出现滑腱症等，从而严重影响养鸡业的经济效益，因此锰对鸡营养具有不可替代的作用。

（一）锰与骨骼发育

锰是与畜禽骨骼生长密切相关的微量元素之一，当鸡口粮中锰缺乏时表现出的最明显特征为骨骼畸形，即滑腔症。现已证实，骨有机质的主要构成成分是黏多糖，而硫酸软骨素又是生成黏多糖的组成成分，锰则是合成硫酸软骨素所必需的两种重要酶——多糖聚合酶和半乳糖转移酶的激活剂，缺锰可引起这两种酶活性降低，硫酸软骨素的合成显著减少，从而影响骨骼的正常形成。罗绪刚等研究证实，饲粮锰缺乏则肉仔鸡骨中锰含量显著降低，进而导致骨骼明显畸形，腿病发生率高达 90%。

（二）锰与各种酶类

锰不但是家禽体内精氨酸酶、脯氨酸肽酶、RNA 聚合酶、超氧化物歧化酶、丙酮酸羧化酶的组成成分，而且是磷酸化酶、转移酶类、水解酶类等的激活剂。锰与多糖聚合酶和半乳糖转移酶的活性有关，从而参与了软骨素的合成；锰还通过动物体内酶的作用而参与碳水化合物、脂肪和蛋白质的代谢。总之，鸡体内的氧化还原反应、组织呼吸、骨骼形成与生长、机体生长、繁殖、胚胎发育以及内分泌器官的形成均离不开酶。

（三）锰参与造血

锰和造血密切相关。研究发现，在 12~15 d 的动物胚胎肝脏中有大量锰聚集，而此时期的肝脏是造血的主要器官，由此可知锰在胚胎的早期就已发挥作用。而且锰能改善机体对铜的利用，而铜是造血过程中的原料和调节因素。但也有研究表明饲粮锰缺乏或过量对鸡血红蛋白浓度无明显影响

二、发病原因

影响鸡对锰营养需要量的因素有很多种，主要有矿物质元素之间的协同和拮抗、添加锰的不同来源、饲粮营养浓度以及鸡的不同品种等，现归纳如下。

（一）微量元素与常量元素

饲料中钙、磷水平上升会使动物对锰需要量上升，Wilgus 用含 1.2%钙、0.9%磷的饲粮饲喂鸡，则每千克饲粮只需补加 37 mg 锰就可防治滑腱症，而分别增加钙、磷至 3.2%和 1.6%时，如锰补加量不变，则有 64%的鸡发生滑腱症。Cox 报道，饲粮中高钙高磷影响锰的利用，当磷含量为 1.5%时，蛋壳强

度和厚度明显降低，钙含量为 5.5%时，锰的利用受到干扰，并且过量的钙和磷都会降低锰在骨中的沉积。至于钙磷哪种元素对锰吸收利用影响更大目前仍有争议。锌与锰有协同作用，有许多试验表明锌可促进锰在体内的沉积。

（二）锰的形式与来源

家禽口粮中补加锰，其锰源有氯化锰、硫酸锰、碳酸锰、氧化锰、蛋氨酸锰等，Baker，Henry，Black 等做了大量的试验研究比较不同无机锰盐的利用率，当硫酸锰的利用率为 100%时，氯化锰为 102%，碳酸锰为 77%，二氯化锰为 29%。蛋氨酸螯合锰的利用率高于无机锰。李德发等也通过实验证明氨基酸螯合锰对肉仔鸡饲用效果优于硫酸锰，生物学利用率远远高于无机锰盐。

（三）饲粮营养浓度

Awyon 等研究发现纯合口粮下锰的利用率高，当添加一定比例的常用饲料（玉米、小麦麸、大麦、米糠等）后，虽然这些饲料中均含有一定数量的锰，但锰的利用率却下降了。Southern 和 Baked 研究发现对于饲喂纯合口粮（酪蛋白—葡萄糖）的生长鸡，锰的最低需要量仅为 14 mg/kg，同时还发现玉米—豆饼型饲粮可降低无机锰的生物学利用率，使锰的需要量提高。HalPin 也有研究结果表明饲喂葡萄糖—酪蛋白纯合口粮时，鸡对锰的吸收率为 24%。而饲喂玉米—豆饼型饲粮时鸡对锰的吸收率仅为 1.71%。这主要是因为常用饲料原料中含的粗纤维和植酸可明显阻碍锰的吸收利用，某些抗生素如维吉尼霉素和有机配位体如 EDTA，Met 等都可促进锰的吸收。有试验证明添加金霉素后可以提高动物对锰的吸收利用，降低鸡滑腱症的发生率；Henry 发现在饲粮中添加弗吉尼亚霉菌素后可以增强机体对锰的吸收，因为加入了抗生素以后使动物小肠壁变薄，所以增加了小肠壁对锰的吸收。

（四）鸡品种和日龄

鸡品种是影响鸡锰需要量的另一重要因素。Sehaibc 实验得出白来航鸡对锰的需要量是 35 mg/kg，而芦花鸡为 40 mg/kg，Cox 报道，白来航产蛋鸡在产蛋阶段用蛋壳强度作为评价指标时，饲粮锰水平以 20 mg/kg 为宜，而张建云的试验结果表明，同样以蛋壳强度作为评价指标"星杂 288"蛋用鸡在产蛋阶段饲粮适宜锰水平为74 mg/kg，锰的利用率随鸡日龄的增加而降低。

三、临床症状

病雏鸡表现为生长停滞、骨短粗症。青年或成年鸡表现为胫-跗关节增大、胫骨下端和跖骨上端弯曲扭转，使腓肠肌腱从跗关节的骨槽中滑出而呈现脱腱症状，多数是一侧腿呈90°角向外弯曲，极少有向内弯曲的。病鸡腿部变弯曲或扭曲、腿关节扁平而无法支持体重，将身体压在跗关节上。病鸡运动时多以跗关节着地行走，严重病例多因不能行动、无法采食而饿死。

病死鸡见胫骨下端和跖骨上端弯曲扭转使腓肠肌腱从跗关节骨槽中滑出而出现滑腱症。严重者管状骨短粗、弯曲，骨骺肥厚，骨板变薄，剖面可见密质骨多孔，在骺端尤其明显。骨骼的硬度尚良好，相对重量未减少或有所增多。消化、呼吸等各系统内脏器官均无明显病理变化。

成年蛋鸡缺锰时产蛋量下降，种蛋孵化率显著下降，还可导致胚胎的软骨营养不良。这种鸡胚的死亡高峰发生在孵化的第20 d和第21 d。胚胎躯体短小，骨骼发育不良，翅短，腿短而粗，头呈圆球样，喙短弯呈特征性的"鹦鹉嘴"。还有报道指出，锰是保持最高蛋壳质量所必需的元素，当锰缺乏时，蛋壳会变得薄而脆。孵化成活的雏鸡有时表现出共济失调，且在受到刺激时尤为明显。

四、防治措施

在出现锰缺乏症病鸡时，可提高饲料中锰的加入剂量至正常加入量的2~4倍。也可用1:3000高锰酸钾溶液做饮水，以满足鸡体对锰的需求量。对于饲料中钙、磷比例高的，应降至正常标准，并增补0.1%~0.2%的氯化胆碱，适当添加复合维生素。虽然锰是毒性最小的矿物元素之一，鸡对其的日耐受量可达2 000 mg/kg，且这时并不表现出中毒症状，但高浓度的锰可降低血红蛋白和红细胞压积以及肝脏铁离子的水平，导致贫血，影响雏鸡的生长发育，且过量的锰对钙和磷的利用有不良影响。

第五节 家禽痛风

家禽痛风（Gout in Poultry）是蛋白质代谢障碍或肾脏受损导致尿酸盐在体内蓄积的营养代谢障碍性疾病。临床上以病禽行动迟缓，腿、翅关节肿大，厌食，跛行，衰弱和腹泻为特征。其病理特征是血液中尿酸盐水平增高，尸体剖检时见到关节表面或内脏表面有大量白色尿酸盐沉积。痛风可分为关节型（Articular gout）和内脏型（Visceral gout）两种。鸡痛风病一旦在鸡场群体中发生，死亡率常可占全群鸡的 5%~10%以上，经济损失较大。近年来，集约化饲养的鸡群，尤其是肉仔鸡、蛋鸡群发病率很高，该病是常见的禽病之一。

一、发病原因

正常情况下，家禽与家畜机体内对蛋白质的代谢产物——氨的排泄有明显的区别，即哺乳动物主要是将氨通过鸟氨酸循环，经精氨酸酶转变成尿素，由肾脏排出。而家禽，由于肝脏缺乏尿素合成酶——精氨酸酶，而不能将氨转变成尿素，同时禽肾脏中也无谷氨酰胺合成酶，而不能使氨由谷氨酰胺携带，因而其蛋白质代谢产物氨只能通过嘌呤核苷酸合成与分解途径，以生成尿酸的形式而排泄。此外，肾脏是禽体内尿酸代谢最重要、最关键的器官，它不仅是禽类尿酸生成的场所之一，而且是尿酸唯一排泄通路。所以，肾脏的结构和功能状况直接决定着禽类尿酸代谢的正常与否。

当禽类饲料中蛋白质和核蛋白含量过多，或肾脏功能损伤，尿酸排泄障碍时，体内大量蓄积尿酸，可使血液中的尿酸水平达到 100~160 mg/L（正常为 15~30 mg/L）。由于尿酸在水中溶解度甚小，当血浆尿酸量超过 64 mg/L 时，尿酸即以钠盐形式在关节、软组织、软骨和内脏的表面及皮下结缔组织沉积下来，而引起一系列临床和病理变化。发病原因主要包括以下几项。

（一）尿酸盐生成过多

1. 高蛋白饲料

大量饲喂富含核蛋白和嘌呤碱的蛋白质饲料，可产生过多尿酸盐。高蛋白饲料是指禽类饲料中粗蛋白含量超过 28%。这类饲料有动物内脏（肝、肠、脑、肾、胸腺、胰腺），肉屑、鱼粉、大豆、豌豆等。研究表明，在成年鸡的日粮中加入去脂肪的马肉和 5% 的尿素，使日粮中蛋白质的含量达 40%，结果引起了痛风。也有人试验，用 38% 的蛋白质日粮饲喂幼火鸡引起了痛风，而把蛋白质含量降低到 20% 时，痛风则停止发生，病鸡逐渐康复。

2. 遗传因素

在某些品系的鸡中，存在着痛风的遗传易患性。有些研究者还从关节型痛风的高发鸡群中选育出了一些遗传性高尿酸血症系鸡（HUA 鸡）。Cole 等研究还发现高蛋白饲料对于 HUA 鸡关节痛风发生有促进作用，限制饲料蛋白水平可以延缓或防止 HUA 鸡关节型痛风的发生。

（二）尿酸排泄障碍因素

1. 传染性因素

鸡传染性支气管炎病毒，其中有强嗜肾性毒株，能引起肾炎，肾损伤，造成尿酸排泄障碍。

2. 非传染性因素

（1）中毒因素。包括一些嗜肾性化学毒物、药物及细菌毒素。能引起肾脏损伤的化学毒物有重铬酸钾、镉、铊、锌、铅、丙酮、石炭酸、升汞、草酸。曾见因鸡场使用漂白精而使大批肉鸡发生痛风致死的事件等。化学药品中主要是磺胺类药中毒；而霉菌毒素中毒因素更显重要，如赭曲霉毒素、黄曲霉菌毒素、桔青霉菌毒素、霉玉米等。Brow 等报道，卵孢霉素（Oosporein）亦可损害肾脏而引起高尿酸血症和内脏型痛风。

（2）营养因素。最常见的是禽日粮中长期缺乏维生素 A，导致肾小管和输尿管上皮细胞代谢障碍，造成尿酸排出受阻。1920 年发现维生素 A 缺乏能引起禽痛风后，得到了 Siller,W.G 及 Winterfiebl,R.W 等证实。其次高钙、低磷和镁过高，均可引起尿石症而损伤肾脏，导致尿酸排泄受阻。饮水不足或食盐过多，造成尿液浓缩，尿量下降，进而导致尿酸排泄障碍。据报道，对 18 周龄以下的鸡，饲喂含钙量 0.9% 以上的饲料，产蛋鸡的饲料含钙量达 3%~3.5%，饲喂 50~60 d 即可发生痛风。

二、临床症状

本病多呈慢性经过，病禽表现为全身性营养障碍，食欲减退，逐渐消瘦，羽毛松乱，精神萎靡，禽冠苍白，不自主地排出白色黏液状稀粪，含有多量尿酸盐。母鸡产蛋量降低，甚至完全停产。血液中尿酸水平持久增高至 150 mg/L 以上，甚至可达 400 mg/L。在临床上，以内脏型痛风为主，而关节型痛风较少发生，两种类型痛风的发病率有较大差异。

1. 内脏型痛风

内脏型痛风主要表现是营养障碍，病禽的胃肠道紊乱症状明显，腹泻，粪便白色，厌食，衰弱，贫血，有的突然死亡。血液中尿酸水平增高。此特征颇似家禽单核细胞增多症。

内脏型痛风最典型的变化是在内脏浆膜上，如心包膜、胸膜、腹膜、肝、脾、胃、肠系膜等器官的表面覆盖一层白色的尿酸盐沉积物。肾脏肿大、色苍白，表面及实质中有雪花状花纹。输尿管有尿酸盐结石。病禽发育不良、消瘦、脱水等。

内脏型痛风的组织学观察，变化主要见于肾脏，实质内呈现以尿酸盐沉积形成痛风石为特征的肾炎-肾病综合征变化。痛风石实际上是一种特殊肉芽肿，在肾小管和集合管中形成，数量不一，大小不等，小的只有少量均质红染物质贴近管壁，个别上皮细胞坏死，周围间质有少量细胞成分出现；大的痛风石以整个管腔乃至几个管腔范围为基础，病灶中央为红染物质和呈放射状的尿酸盐结晶，周围是炎症细胞、吞噬细胞、成纤维细胞及多核巨细胞构成。除痛风石外，肾小管之间的间质及少数肾小球内出现尿酸盐沉积灶，肾小管上皮细胞肿胀、变性、坏死、脱落，管腔扩张，见有管型或尿酸盐结晶。

间质水肿和程度不同的纤维结缔组织增生而纤维化，纤维化在尿石症病例表现尤为突出。在间质与扩张的肾小管中可见数量不等的异嗜性白细胞、单核细胞等炎性细胞浸润。未受损肾组织呈代偿性肥大，输尿管及其分支枝扩张，黏膜上皮变性坏死、脱落或增生，腔内可见痛风石或轮层状结石形成，结石表面有一层嗜酸性尿酸盐物质。

2. 关节型痛风

关节型痛风一般呈慢性经过，病鸡食欲降低，羽毛松乱，多在趾前关节、趾关节发病，也可侵害腕前、腕及肘关节，关节肿胀，初期软而痛，界限多不明显，中期肿胀部逐渐变硬，微痛，形成不能移动或稍能移动的结节，结节有豌豆大或蚕豆大小。病后期，结节软化或破裂，排出灰黄色干酪样物质，局部形成出血性溃疡。病禽往往呈蹲坐或独肢站立姿势，行动困难，跛行。

关节型痛风病变较典型，在关节周围出现软性肿胀，切开肿胀处，有米汤状、膏样的白色物流出。在关节周围的软组织中都可由于尿酸盐沉积而呈白垩颜色。内脏器官多不受损害，有的可见肾脏出现轻微病变。光镜下，受损关节腔出现尿酸盐结晶，滑膜呈急性炎症，周围软组织中有痛风石形成。受损肌肉呈现广泛坏死和有大量尿酸盐结晶，周围出现巨噬细胞。

三、防治措施

没有特效的治疗方法。可试用阿托方（Atophan，又名苯基喹啉羟酸）—用量 0.2~0.5 g/kg，每天 2 次，口服，但伴有肝、肾疾病时禁止使用，此药可增强尿酸的排泄和减少体内尿酸的蓄积及减轻关节疼痛。据报道，试用别嘌呤醇(7-碳-8-氮次黄嘌呤，Allopurinol) 10~30 mg/kg，每天 2 次，口服。其化学结构与次黄嘌呤相似，是黄嘌呤氧化酶的竞争抑制剂，能减少尿酸的形成。用药期间可导致急性痛风发作，供给秋水仙碱 50~100 mg/kg，每天 3 次，可使症状缓解。在种鸡饲料中掺入沙丁鱼或牛粪（可能含维生素 B12）能防止本病的发生。在鸡的饮水中加入 5%的碳酸氢钠，配成 0.1%~0.5%的饮水，加入适量的氨茶碱、维生素 A 和 C 等，以及改善饲养管理条件，防潮、通风、减少鸡群的应激因素，对防止本病的发生有重要意义。实践表明，在饲料中加2%鱼肝油乳剂，并增加病禽光照时间，适当增加运动，改变饲料后，轻微痛风病例逐渐康复，新病例未见发生。

第六节　肉鸡腹水综合征

肉鸡腹水综合征（Broiler Ascites Syndrome）又称"肉鸡腹水症""肉鸡肺动脉高压综合征""心衰综合征""高海拔病"，临床上以病鸡腹部膨大，腹部皮肤变薄发亮，站立时腹部着地，行动缓慢，严重病例鸡冠和肉髯紫红色，抓捕时突然死亡为特征。其病理特征是腹腔内潴留大量积液，右心扩张，肺充血水肿，肝脏病变，RBC、Hb、PCV 和 APK 活性显著增高。该病主要发生于肉鸡，尤其是 4~6 周龄的肉仔鸡，也见于火鸡、肉鸭、蛋鸡、雉鸡和观赏禽类。

一、发病原因

肉鸡腹水症的病因较为复杂，其中最重要的因素是缺氧，肺动脉血压升高，导致右心心力衰竭，肝脏门脉循环及腹腔内脏器官血压升高。同时与下列因素有关。

（一）遗传因素

肉鸡是能自发性发生肺动脉高压的动物模型。育种学家在选育肉鸡的品种中是以增重为目的，但是随着肉鸡体重的增加，肺容积与体重的比重变小。据报道，肉鸡的肺容积占体重之比比野鸟小 20%~30%，因而144 日龄的肉鸡肺容积与体重之比比 1 日龄肉鸡少 32%。Odom（1993）的试验显示，公鸡在出壳后的前 3 周内，肺部血管阻力和肺内压始终比正常高 40%，他认为肉鸡·肺部血管系统没有跟上机体的发育和成熟的程度，是产生慢性肺动脉高血压的基础。肉鸡快速生长时，代谢率增强，需要更多富含氧的血液来维持，机体反馈性调节使心脏输往肺部的血液增多，以换回更多的氧气。但肺的体积和可容纳的血量并没有增加，这就引起肺部动脉压上升，使得右心室向肺供血的阻力增大，使右心室扩张和肥大，久之则右心力衰竭，促使组织与内脏器官血液回流障碍，使内脏器官和静脉淤血，尤以肝脏为甚，淤血导致血液的液体成分渗出而发生腹水。

（二）原发性病因

慢性缺氧或因机体需氧量增加而造成相对缺氧，是引起肉鸡腹水症的原发性因素，包括以下几项。

（1）高海拔地区（>1 500 m），大气中氧浓度减少；

（2）饲养密度过大，鸡舍换气不良，或低海拔地区鸡舍冬季寒冷，关门饲养，舍内 CO、CO_2、NH_3 及尘埃浓度增高，氧气浓度下降，形成慢性缺氧环境。

（3）高能量和高蛋白饲养条件下，或光照时间长，使鸡采食增加，生长速度加快，机体需氧量增加。

（4）孵化时鸡胚缺氧从孵化开始，因孵化室封闭较严，造成缺氧的环境。

由于缺氧，或在低氧环境下，机体一方面反馈性地加强呼吸和心搏，输往肺部的血液增多，肺动脉血压上升；另一方面，机体缺氧使氧化还原酶活性降低，糖分解过程障碍，丙酮酸和乳酸含量增加，导致中毒、肺血管收缩、肺动脉血压上升、发生腹水症。而有害气体引起呼吸困难、呼吸减慢或呼吸暂停，导致氧气吸入减少，在其腹水症发生过程中也有同样的致病性。

（三）继发性因素

1. 中毒

食盐、药物、霉菌毒素或植物毒素中毒均可导致腹水症。有的毒物可使毛细血管的脆性和通透性增加，有的则破坏凝血因子或损伤骨髓造成贫血性缺氧。

2. 营养水平

日粮中磷缺乏，肉鸡易患佝偻病。由于病鸡的肋骨软化，胸廓变窄，影响呼吸功能，导致相对性缺氧而造成腹水症，但硒和维生素 E 缺乏与腹水症发生率间的关系已进一步明确。苏琪等报道在高海拔（3 900 m）、缺氧和缺硒条件下，血硒仅为正常值的 1/10，补硒后，血硒增加 13~23 倍，腹水症死亡率明显减少。减少率与海拔呈正相关。

3. 疾病因素

应激、曲霉菌性肺炎、大肠杆菌、沙门氏杆菌等均可引起呼吸系统、心脏和肝脏的病变，从而继发腹水症。

二、临床症状

本病多为群发性，其突出的症状是病鸡腹部膨大，用手触诊有波动感，穿刺时有多量草黄色透明液体流出。病鸡动作迟缓，精神萎靡不振，走路呈鸭步样，有的站立困难，以腹部着地似企鹅状，有时发出怪叫声。病鸡肉髯及冠部、腹部皮肤发绀，体温正常，呼吸困难，心跳加快。有的病鸡拉稀。常在出现腹水后 1~3 d 内死亡。

血液学检查：病鸡红细胞数、血红蛋白量、红细胞压积显著升高。白细胞和嗜中性粒细胞增多。血清总蛋白、血液总胆固醇值降低，血清谷草转氨酶活性升高，血钾值升高。

剖检可见外观腹部膨隆，腹部皮肤变薄甚至透明。剖检见腹腔内积有大量清亮、淡黄色之腹水，100~500 mL 不等，内混有淡黄色胶冻样纤维素凝块。肺脏严重淤血、水肿；心脏肥大，质地柔软，右心明显扩张，心包因积液膨大。有一起肉仔鸡腹水综合征，许多病例可见鸡心包积液，显著膨大如核桃状，透过心包膜见液体轻度混浊；肝脏肿大或萎缩，硬化质硬，表面凹凸不平，常附有一层灰白或淡黄色胶冻样物质；肾脏肿大、淤血。

心包膜和心外膜增厚，心外膜间皮细胞肿胀、增殖，浆膜下结缔组织充血、水肿。右心房、右心室扩张，右心室肥大，心肌纤维和纤维束疏松、水肿、排列紊乱。可见心肌变性、灶性坏死；心肌间或间质充血、灶性出血、异嗜性白细胞浸润，结缔组织不同程度地增生。

肺脏严重淤血、出血、水肿，细支气管的平滑肌肥大；肺泡扩张不规则，上皮细胞立方化，左肺内常见有软骨样、钙化样或骨瘤样小结节；肺小叶间质水肿、疏松增宽，炎性细胞浸润，亦可见结缔组织增生。

肝脏被膜增厚，肝小叶中央静脉、肝窦和间质静脉显著扩张充血，肝细胞索排列不整，肝细胞变性甚至坏死，常见淋巴细胞和假嗜伊红白细胞灶性浸润聚集。肝小叶间结缔组织增生。

肾脏肾小球充血，基底膜增厚；肾小管局部坏死及散在有淋巴细胞浸润聚集灶。

脾脏、胸腺、法氏囊及淋巴组织之淋巴细胞数量减少，呈现慢性疾病的免疫抑制反应。

三、防治措施

治疗原则是改善和加强心、肺功能，减缓或终止腹水形成及对症治疗。

（1）选用健脾利水、助消化的中草药，并在饲料中添加维生素 C、维生素 E、补硒和补抗生素等对症治疗，对减少发病和死亡有一定帮助。给鸡群饮用 0.2%浓度"腹水消"和"腹水停"等中草药制剂，连用 3 d。特效腹水康（主要成分为茯苓、姜皮、泽泻、木香、白术、厚朴、大枣、山楂、甘草和维生素 C），按 1.5%混饲，连用 3~5 d。"腹水克星"每羽 0.5 g，拌料饲喂，连用 3~4 d。

（2）选用氢氯噻嗪，用量为每只 4~5 mg，口服，每天 2 次，连用 3 d。

（3）在鸡饮水中按 0.05%比例加入维生素 C，并在鸡饲料中拌入氯化胆碱（每吨饲料加 5%氯化胆碱 1 000 g），能显著控制腹水症的发展和发生。

（4）在饲料中添加 125 mg/kg 脲酶抑制剂，并在低压条件下，在日粮中添加1%亚麻油，可降低腹水症的死亡率。

（5）预防。① 选育出对缺氧和腹水症有抗性的肉鸡新品种；② 改善孵化和饲养环境，于孵化后期，适当向孵化器内补氧可产生有益作用；③ 早期限饲，控制生长速度，日粮中补充维生素 C、维生素 E 和硒；④ 合理搭配饲料，按照肉鸡生长需要供给优质饲料，减少高油脂饲料，按营养要求适当添加食盐和补充磷、钙；⑤ 不用发霉变质的饲料，合理使用药物及消毒剂，防止对心、肝、肺造成损伤；⑥ 控制大肠杆菌等传染性疾病。

第七节　脂肪肝出血综合征

脂肪肝出血综合征（Fatty liver hemorrhagic syndrome，FLHS）是由于饲料中能量过剩而某些营养成分不足或不平衡，造成鸡体内代谢机能紊乱而引起的以鸡肝脏发生脂肪沉积、变性、出血，并可导致急性死亡为特征的营养代谢性疾病。该病最初报道为脂肪肝综合征（Fatty liver syndrome，FLS），其后，由于该病经常伴有肝脏出血，1972 年由 Wolford、Polin 等改名为脂肪肝出血综合征并沿用至今。本病也曾被称为肝肥大、脂肪肝、肝出血等。

FLHS 普遍发生于笼养高产蛋鸡，产蛋率越高越易发生，造成的危害也越大；其次过肥的肉用仔鸡也时有发生。FLHS 的发生与笼养技术的发展有很大关系。FLHS 的发病率因鸡的品种、品系、日粮组成、环境、管理等因素变化而出现很大的差异，死亡率一般为 2%左右，但有时可高达 20%~30%。FLHS 的危害主要是造成整个鸡群产蛋率下降，发病鸡群产蛋率比正常低 20%~50%，同时还影响整个鸡群正常产蛋高峰期的出现。目前该病已成为许多国家的常见病。

一、发病原因

FLHS 的发生涉及许多因素，主要包括遗传因素、营养因素、激素以及有毒物质损伤等。

（一）遗传因素

FLHS 受遗传因素的影响，蛋用种鸡比肉用种鸡具有更高的发病率，由于高产蛋强度常常伴随着高水平雌激素代谢，并刺激肝脏酯化。所以通过遗传选育所得到的高产品种（系）的蛋鸡可能是造成 FLHS 易发的因素之一。

(二) 营养因素

1. 高能低蛋白日粮

高能饲料中含糖丰富，鸡采食大量以玉米为主的高能饲料后加速了肝脏脂肪的合成，而肝脏内脂肪又必须与载脂蛋白结合形成脂蛋白方能运出肝脏，若日粮中蛋白质缺乏，不能合成足够的载脂蛋白与脂肪结合来转运肝脏脂肪，从而导致脂肪在肝脏内大量沉积发生脂肪肝。

2. 高蛋白低能饲料

其原因可能是日粮中蛋白能量比值大，相应的能量就偏低，一部分蛋白质及氨基酸脱去酰胺生成葡萄糖作为能源，而脱氨后的大量氮大部分在机体的肝脏内合成尿酸，从而增加了肝脏的代谢负担，以致诱发或导致 FLHS 的发生。

3. 能量过剩

饲喂以玉米为主的基础日粮比饲喂以小麦、大麦、黑麦或燕麦为基础日粮的产蛋鸡，其亚临床型 FLHS 的发生率更高。来自碳水化合物的能量比来自饲料脂肪的能量更有害，更可能使脂肪代谢平衡失调。

4. 日粮钙含量

饲喂低钙水平日粮，产蛋鸡的肝出血发生率、体重和肝重均会有所增加，产蛋量下降，且其严重程度与钙缺乏的程度不同有关。产蛋鸡常采食多于 15%~17% 的饲料来满足其对钙的需要量，这就导致了对能量和蛋白质的过量摄入，促进 FLHS 的发生。

5. 维生素和微量营养素

磷脂酰胆碱是合成脂蛋白的必需原料之一，而合成磷脂则需要脂肪酸和胆碱。胆碱可从饲料获得，或由蛋氨酸、丝氨酸等在体内合成，而这一过程需要维生素 B12、叶酸、生物素、维生素 C 和维生素 E 等参与。当这些物质缺乏，与这些物质有关酶的活性降低，引起肝脏内脂蛋白的合成和转运发生障碍，大量的脂肪在肝内沉积，诱发 FLHS。

（三）霉菌及其毒素、药物或毒物的损伤

霉菌及其毒素、某些药物或化学毒物，如黄曲霉毒素、四环素、环己烷、蓖麻碱、油菜籽产品中的芥子酸和硫葡萄糖苷、四氯化碳、氯仿、磷、砷、铅、银、汞等最易使肝脏受损而引起肝功能障碍和脂蛋白的合成减少，或使甘油三酯与脂蛋白的结合产生障碍，从而导致肝脏代谢障碍和脂肪的沉积，引起肝脏出血。

（四）饲养管理因素

1. 应激

任何形式的应激如营养、工人的频繁活动、饮水不足、光照下降、通风不良、疾病等都是 FLHS 发生的诱因。

2. 温度

高温环境会加重蛋鸡所遭受的应激，从而使死亡率升高。据报道，高温条件下比低温条件下，体内脂肪含量更高，更易发生 FLHS。鸡舍在正常室温基础上升高 2~3 ℃后，FLHS 的患鸡死亡率提高 20%。

3. 饲养方式

许多学者认为鸡的饲养方式是鸡发生 FLHS 的一个重要因素，一般笼养蛋鸡要比地面平养的蛋鸡发生 FLHS 的比例高。鸡舍内密度大的蛋鸡较易患FLHS。笼养是 FLHS 的一个重要诱发因素。

4. 激素

垂体前叶激素、肾上腺皮质激素、雌酮和雌二醇等过多可直接和间接促进脂肪肝的形成。

二、临床症状

FLHS 多发于高产的蛋鸡，多数鸡的体况良好。病鸡体重增加，整个鸡群产蛋率明显下降，突然从高产蛋率的 75%~85% 下降到 45%~55%。同时可引起鸡的突然死亡，鸡群啄癖、食欲减退，鸡冠和肉垂苍白肿大，冠尖发紫，肉髯上挂有皮屑。病鸡表现嗜睡、吞咽困难、步态不稳、精神不振、呆立，严

重的胸骨触地瘫痪。这样的患病鸡在数小时内死亡。整个鸡群死亡率一般为 2%左右，但有时高达 20%~30%。

病鸡皮下沉积大量脂肪，部分出现心肌变性呈黄白色，心房周围有较多脂肪，腹壁、胃及肠系膜均有过量的脂肪沉积，脂肪多呈乳白色或清黄色。肝脏肿大，边缘钝圆，呈黄色油腻状，部分表面及内部散在大小不等的出血点或集积成出血区，并有白色坏死病灶，质脆易碎如泥。刀切时，切面外翻，刀面有脂肪滴附着。严重者见肝表面附着新旧不同的凝血块。有时输卵管末端有一枚完整而未产出的硬壳蛋。

肝脏组织学病理切片可见在出血和坏死的肝脏有广泛的脂肪变性，坏死实质的四周可见单核细胞浸润。肝窦状隙充血肿大，肝实质细胞的胞浆内出现大小不等的空泡（脂肪滴）。细胞核发生浓缩并被挤在一侧。脂肪弥漫分布于整个肝小叶，使肝小叶完全失去正常的网状结构，与一般的脂肪组织相似。病鸡血清中 TG 含量正常或稍升高，总胆固醇（T–Ch）和胆固醇酯（ChE）含量升高，但 ChE/T–Ch 比例下降（低于 60%），并随着病情的加重而日趋严重。血清中高密度胆固醇（HDL–Ch）含量下降，低密度胆固醇（LDL–Ch）含量上升，两者呈负相关性。血钙含量和血浆雌激素水平均升高；肝脏酶如 AST、ALP、γ–GT、OCT 活性均升高。

三、防治措施

本病应以预防为主，发病时辅以药物治疗。因此可采取以下防治措施。

（一）限饲、控制日粮能量、科学合理配制日粮

合理调整日粮中能量和蛋白质含量的比例，适当限制饲喂，减少饲料供给。按鸡日龄、体重、产蛋率甚至气温、环境，及时调整饲料配方，在控制高能物质供给的同时，掺入一定比例的粗纤维（如苜蓿粉）可使肝脏脂肪含量减少，选择合适体重的鸡，剔除体重过大的个体。

（二）日粮中添加胆碱、蛋氨酸、甜菜碱及肉毒碱、二氢吡啶等

如饲料中添加 1 250 mg/kg 氯化胆碱、250 mg/kg 多维素、1 500 mg/kg

蛋氨酸、1 000 mg/kg 维生素 E，同时添加维生素 B12 和肌醇；或添加二氢吡啶 150 mg/kg，均可显著降低血清 TG 和 T-Ch 含量，降低腹脂率和肝脏中脂肪含量，防止脂肪肝的发生。

（三）日粮中添加抗氧化物质

日粮中添加还原型 GSH、维生素 E、硒、有机铬和黄酮类等抗氧化性物质，能减少氧应激损害和脂质过氧化物损害，而减少 FLHS 的发生。

（四）日粮中添加天然中草药

中医治疗脂肪肝以化痰祛湿、活血化瘀、疏肝解郁、健脾消导为主，同时辅以清热解毒、利胆化积、补肾养肝等方法。现代药理研究结果表明，泽泻、山楂、何首乌等具有降脂抑脂作用，茵陈、柴胡、黄芩等具有保肝利胆作用。

（五）加强饲养管理，防止应激刺激

科学合理地设计鸡舍，控制适当的饲养密度；提供适宜的温度和活动空间，加强鸡舍通风换气，提供充足、清凉的饮水。注意饲料保管，防止饲料发霉变质。加强传染病和中毒病的预防和控制。

第八节　嗉囊阻塞

嗉囊阻塞（Obstruction in gluviei）又称嗉囊弛缓、硬嗉囊。本病可发生于任何年龄的家禽，但最主要发生于幼鸡及火鸡，影响营养物质的消化和吸收，生长发育迟缓。成年家禽则产卵量下降或停产，重者造成死亡。

一、发病原因

（一）软嗉病

主要鸡是采食了粗硬而不易消化的饲料或多纤维的东西，如谷子、麦秸、谷草、木屑、鸡毛、麻绳等，停滞于嗉囊中形成刺激而引起；发霉变质的饲料在嗉囊内腐败发酵的分解产物也可导致本病发生。另外，如果饲料配合不

当，缺乏维生素和矿物质饲料等，突然增加或更换饲料也可诱发本病。

（二）硬嗉病

由于嗉囊内的食物不能向胃及肠管运行，积滞于嗉囊内，阻塞嗉囊而发病，以幼鸡为多见。

二、临床症状

（一）软嗉病

病鸡少食或不食，精神欠佳。由于嗉囊内的饲料发酵产气，致嗉囊膨胀，突出颈下部分；嗉囊膨大发亮，充满液体和气体，触压时感到柔软有波动，用力触压，病鸡嘴里会流出淡黄色的嗉囊内容物，病鸡鼻孔及口中常排出恶臭气体和液体。病情严重时，鸡头颈反复伸直，下咽困难，频频张嘴，最后因呼吸极度困难而死亡。

（二）硬嗉病

病鸡精神沉郁，倦怠无力，少食或废食，翼下垂，不愿活动；嗉囊膨大，触诊坚硬，嗉囊内充满坚硬的食物，长期不能消化，有时产生气体，口腔内可发出腐败的气味。轻者导致生长发育迟缓，严重时可导致腺胃、肌胃和十二指肠全部阻塞，整个消化道处于麻痹状态，最后引起死亡。

三、防治措施

（一）软嗉病

排除嗉囊内容物。可将病鸡的后部抬高，头朝下，拨开鸡嗉，同时轻轻挤压嗉囊，使其中的内容物排出；继之用注射器吸取0.5%高锰酸钾溶液或1.5%碳酸氢钠溶液，通过插入食管的小动物用的导尿管注入嗉囊，至嗉囊膨胀为止；然后再将鸡嗉打开，轻压嗉囊，将消毒制酵液排出。最后喂给少量抗生素，停食1 d后，再饲喂少量易消化的饲料，如加喂酵母片，则效果更好。

（二）硬嗉病

主要为排除嗉囊的阻塞物以及加强护理，排除阻塞物，可根据阻塞程度选用下述方法。

阻塞不太严重时，可用食醋 1~2 mL 或 38%冰醋酸 0.1 mL 1 次灌服，如嗉囊食物多时，可加灌食盐 0.1~0.2 g；或用硫酸镁 0.5~1.0 g，溶于 50~100 mL 水中饮服或用注射器直接注入鸡嗉囊内。

对病重的鸡，可用针在嗉囊上刺透 6 点，有的刺后嗉囊立即出现紧张性收缩。如果 1 次不见好转，多是由于头发、橡皮筋等异物阻塞在嗉囊口，这时应立即采用手术疗法。术前先将嗉囊部位毛拔掉，用碘酒消毒，然后沿嗉囊内侧面切开皮肤，切口为 2~3 cm。随后纵切嗉囊（勿切断血管），用镊子夹出内容物，以 0.1%高锰酸钾溶液洗涤后，用丝线做连续缝合，皮肤作结节缝合，创口撒消炎粉；术后禁水禁食 12 h，2 d 内喂些容易消化的饲料，5~7 d 拆线，1 周左右可愈。

可采用大蒜配合土霉素的方法治疗，即用紫皮蒜 1 瓣切成 5 片，土霉素 0.5 g（25 万 IU 的土霉素 2 片）混合投入病鸡口腔内，每天 1 次。一般连用 3 d 即可治愈。

主要参考文献

卡尔尼克.禽病学:第9版[M].高福,刘文军,主译.北京:北京农业大学出版社,1991.

刘金华,甘孟候.中国禽病学[M].北京:中国农业出版社,2016.

陆承平,刘永杰.兽医微生物学:第六版[M].北京:中国农业出版社,2021.

陈溥言,姜平.兽医传染病学:第七版[M].北京:中国农业出版社,2024.

罗满林.动物传染病学[M].北京:中国林业出版社,2021.

阎继业.畜禽药物手册[M].北京:金盾出版社,2007.